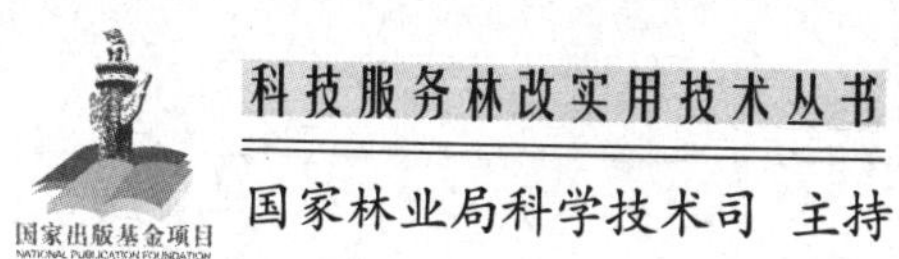

林业药剂药械使用技术

邱立新 主编

中国林业出版社

图书在版编目(CIP)数据

林业药剂药械使用技术 / 邱立新主编. —北京：
中国林业出版社，2010.11
(科技服务林改实用技术丛书)
ISBN 978 - 7 - 5038 - 6006 - 5

Ⅰ. ①林… Ⅱ. ①邱… Ⅲ. ①森林保护 - 农药施用
②森林保护 - 林业机械 - 使用 Ⅳ. ①S767 ②S776.28

中国版本图书馆 CIP 数据核字（2010）第 232316 号

责任编辑：刘家玲 张 锴

出 版：中国林业出版社（100009 北京西城区德内大街刘海胡同7号）
E - mail：wildlife_cfph@163.com **电话**：(010) 83225764
发 行：新华书店北京发行所
印 刷：北京昌平百善印刷厂
版 次：2011 年 1 月第 1 版
印 次：2011 年 1 月第 1 次
开 本：850mm × 1168mm 1/32
印 张：4
字 数：110 千字
印 数：5000 册
定 价：10.00 元

"科技服务林改实用技术"丛书

编辑委员会

主　任　贾治邦
副主任　张永利
主　编　魏殿生
副主编　杜纪山　刘东黎　邵权熙　储富祥
编　委　(以姓氏笔画为序)
　　　　田亚玲　刘东黎　刘家玲　严　丽
　　　　佟金权　宋红竹　杜纪山　邵权熙
　　　　闻　捷　储富祥　魏殿生

《林业药剂药械使用技术》

主　编　邱立新
编　委　尤德康　曲　涛　董晓波　柴守权
　　　　崔振强　赵　俊　于海英　林　晓
　　　　曹川健

序

我国山区面积占国土面积的69%，山区人口占全国人口的56%，全国76%的贫困人口分布在山区，山区农民脱贫致富已成为建设社会主义新农村的重点和难点。

山区发展，潜力在山，希望在林。全国43亿亩林业用地和4万多个高等物种主要分布在山区。对林地和物种的有效开发利用，既可以获得巨大的生态效益，又可以获得巨大的经济效益。特别是随着经济社会的快速发展和消费结构的变化，林产品以天然绿色的优势备受人们青睐，人们对林产品的需求急剧增长，林产品市场价值不断提升。加快林业发展，发挥山区的优势与潜力，对于促进山区农民脱贫致富，破解“三农”难题，推进新农村建设，建设生态文明，具有十分重大的战略意义。

我国林业蕴藏的巨大潜力之所以长期没有充分发挥出来，重要原因在于经营管理粗放、科技含量低。当前，世界林业发达国家的林业科技贡献率已高达70%~80%，而我国林业科技贡献率仅35.4%。特别是我国林业科技推广工作相对薄弱，大量林业科技成果未被广大林农掌握。加强林业科技推广，把科学技术真正送到广大林农手里，切实运用到具体实践中，已经成为转变林业发展方式、提高林地产出率、增加农民收入的紧迫任务。

实践证明，许多林业科技成果特别是林业实用技术具有易操作、见效快的特点，一旦被林农掌握，就会变成现实生产力，显著提高林产品产量，显著增加林农收入，深受广大林农群众的欢迎。浙江省安吉市的农民在种植竹笋时，通过砻糠覆盖技术，既提早了竹笋上市时间，又提高了竹笋品质，还延长了销售周期，使农民收入大幅增加。我国的油茶过去由于品种老化、经营粗放等原因，每亩产量只有3~5千克，近年来通过推广新品种和新技术，每亩产量提高到30~50千克，效益提高了10倍。据统计，目前我国林业科技成果已有5 000多项，但在较大范围内推广应用的不多。如果将这些林业科技成果推广应用到生产实践中，必将释放出林业的巨大潜力，产生显著的经济效益，为林农群众开拓出更多更好的致富门路。

近年来，国家林业局科学技术司坚持为林农提供高效优质科技服务的宗旨，开展送科技下乡等一系列活动，取得了显著成效。为适应集体林权制度改革的新形势，满足广大林农对林业科技的需求，他们又组织专家编写了“科技服务林改实用技术”丛书，这是一件大好事。这套丛书以实用技术为主，收录了主要用材林、经济林、花卉、竹子、珍贵树种、能源树种的栽培管理以及重大病虫害防治技术。丛书图文并茂、深入浅出、通俗易懂、易于操作，将成为广大林农和基层林业技术人员的得力帮手。

做好林业实用技术推广工作意义重大。希望林业科技部门不断总结经验，紧密围绕林农群众关心的科技问题，继续加强研究和推广工作；希望广大林业科技工作者和科技推广人员，增强全心全意为林农群众服务的责任心和使命感，锐意进取，埋头苦干，不断扩大科技推广成果；希望广大林农群众树立相信科技、依靠科技的意识，努力学科技、用科技，不断提高科技素质，不断增强依靠科技发家致富的本领。我相信，通过各方面共同努力，林业实用技术一定能够发挥独特作用，一定能够为山区经济发展、社会主义新农村建设做出更大贡献。

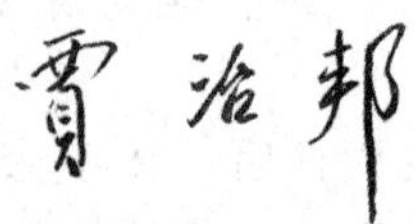

2010年10月

前　言

我国是世界上林业生物灾害最为严重的国家，林业有害生物年均发生面积达1.6亿亩。目前气候变暖，极端天气事件增多，贸易频繁、外来有害生物入侵风险加大，生态环境恶化等有利于有害生物发生的客观因素长期存在，决定了未来一段时期我国林业有害生物发生和危害将继续呈加重态势。

在林业有害生物防治活动中，药剂、药械作为一类重要的生产资料，发挥了重要的作用。但在生产实际中，由于使用人员缺乏合理使用药剂、药械的知识，导致不能科学选择和安全使用药剂药械，不仅影响防治成效，造成浪费，而且极易造成环境污染，发生安全事故。为此，在防治实践基础上，编写了这本《林业药剂药械使用技术》，旨在为广大林农和农药、药械使用者正确使用药剂药械提供服务。本书主要介绍了目前常用的低毒高效、对天敌和环境相对安全的杀虫（螨）剂、杀菌剂、除草剂、杀鼠剂、昆虫引诱剂等常用药剂的使用对象、使用方法及注意事项，并介绍了14种常用防治药械的使用技术。

由于水平有限，书中难免有错误和遗漏之处，敬请广大读者批评指正。

编著者

2010年10月

目 录

◆**序**

◆**前言**

◆**第一章 常用药剂及其使用技术**/1

第一节 农药基本知识及其使用概述/1

一、常用农药剂型/1

二、农药的施用方法/3

三、科学使用农药/5

四、开展无公害防治/8

第二节 杀虫（螨）剂/9

1. 阿维菌素/9
2. 甲氨基阿维菌素苯甲酸盐/11
3. 多杀菌素/12
4. 苏云金杆菌/13
5. 白僵菌/15
6. 绿僵菌/17
7. 微孢子虫/18
8. 核型多角体病毒/19
9. 松毛虫质型多角体病毒/21
10. 苦参碱/22
11. 烟碱/23
12. 苦参碱·烟碱/24
13. 除虫菊素/26
14. 鱼藤酮/28

15. 苦皮藤素/28
16. 川楝素/29
17. 印楝素/30
18. 噻虫啉/31
19. 灭幼脲/32
20. 杀铃脲/34
21. 除虫脲/35
22. 氟铃脲/36
23. 氟虫脲/37
24. 噻嗪酮/38
25. 虫酰肼/38
26. 苯氧威/39
27. 氟啶脲/40
28. 吡虫啉/40
29. 啶虫脒/42
30. 溴虫腈/43
31. 毒死蜱/44
32. 辛硫磷/45
33. 氯氰菊酯、高效氯氰菊酯/46
34. 高效氯氟氰菊酯/47
35. 溴氰菊酯/48
第三节 杀菌剂/50
1. 波尔多液/50
2. 石硫合剂/52
3. 儿茶素/54
4. 四霉素/55
5. 混合脂肪酸/56
6. 多抗霉素/56

7. 乙蒜素/57
8. 枯草芽孢杆菌/58
9. 百菌清/59
10. 敌磺钠/60
11. 多菌灵/61
12. 甲基托布津/62
13. 三唑酮/63
14. 代森锌/64
15. 代森锰锌/65
16. 腈菌唑/66
17. 异菌脲/66
第四节 昆虫引诱剂/67
1. 红脂大小蠹引诱剂/67
2. A－3 型松褐天牛引诱剂/68
3. YM－1 型松褐天牛引诱剂/69
4. 小蠹虫引诱剂/70
5. 白杨透翅蛾引诱剂/71
6. 美国白蛾引诱剂/71
7. 松毛虫引诱剂/72
8. 舞毒蛾引诱剂/73
9. 苹果蠹蛾引诱剂/74
第五节 杀鼠剂/75
1. 莪术醇抗生育剂/75
2. 多效抗旱驱鼠剂/75
3. 贝奥雄性不育灭鼠剂/76
4. 杀鼠醚/77
5. 0.02% 溴敌隆毒饵/78
6. 0.005% 溴敌隆毒饵/79

7. 杀它仗/80
第六节 除草剂/81
1. 乙氧氟草醚/81
2. 乙草胺/82
3. 扑草净/82
4. 吡氟氯禾灵/83
5. 喹禾灵/84
6. 地乐胺/85
7. 莠去津/86
8. 氟乐灵/87
9. 异丙甲草胺/88
10. 安威/89
11. 乙阿合剂/90
12. 草甘膦/91
◆第二章 常用防治器械与使用/93
一、喷雾喷粉机/93
二、烟雾机/100
三、灭虫药包及布撒器/102
四、打孔注药机/106
五、诱捕器/107
六、频振式杀虫灯/112
参考文献/114

第一章　常用药剂及其使用技术

第一节　农药基本知识及其使用概述

农药是指用于防治、消灭或者控制农、林业的病、虫、草和其他有害生物以及有目的地调节植物昆虫生长的化学合成的或者来源于生物及其他天然物的一种物质或几种物质的混合物及其制剂。这里按用途分为杀虫剂、杀螨剂、杀菌剂、杀鼠剂、杀线虫剂、除草剂等几大类。

一、常用农药剂型

1. 乳油

用农药原药、乳化剂、溶剂制成的透明油状液体制剂。乳油的使用方法很多，常用的主要为喷雾，也可配制毒土、浸种、涂茎或毒饵等使用，但都必须将乳油产品按一定比例加水稀释成乳状液才能使用。

2. 粉剂

一定量的农药原药和填料（滑石粉、陶土和高岭土等）经过机械磨碎成为粉状的混合物，供喷粉使用。粉粒直径 100 微米以下。不易被水所湿润，不能加水喷雾使用，一般低浓度粉剂直接做喷粉使用，高浓度粉剂可做拌种、土壤处理或做毒饵等使用。粉剂使用不需水源，适合干旱缺水的地区和林区施用。

3. 可湿性粉剂

用农药原药、湿润剂和填料经过机械粉碎混合制成的74微米以下粉状混合物。主要用于兑水喷雾，不宜直接喷粉。喷洒的雾滴比较细，在植物体表面上黏附力较强，施药时受风力影响不大，防治效果比同一农药的粉剂好。但易沉淀，造成喷洒不匀，影响药效或造成药害。

4. 可溶性粉剂

把具有水溶性的固体原药与填料经过机械粉碎加工制成可溶性粉剂，加水溶解后可直接喷雾使用。

5. 乳粉（或固体乳剂）

用农药原粉与亚硫酸纸浆废液或与氯化钙及乳化剂制成的固体粉状物，加水稀释后可代替乳剂供喷雾使用。

6. 液剂（或水剂）

原药直接溶于水，不需要加入助剂（如乳化剂、湿润剂），加水稀释到所需的浓度即可使用。

7. 片剂（或锭剂）

将水溶性药剂制成的片状制剂。使用时，吸收空气中的水分发生反应，释放药效。也可喷雾等。

8. 悬浮剂

不溶于水的固体或不混溶的液体原药，辅助剂，在水或油中经湿法超微粉碎后制成的分散体，使用前用水稀释混合形成稳定的悬浮液。兼有可湿性粉剂和乳油的优点。

9. 熏蒸剂

一般不需要再进行加工配制，可以直接使用原药，常用于防治仓库害虫和检疫性有害生物的帐幕熏蒸除害处理等。

10. 烟剂

用农药原药、燃料、氧化剂等配制而成。使用时不需要任何施放设备，只在现场用火点燃或拉燃即可，由于烟是流动的，所以除保护地、仓库等密闭场所的放烟外，都必须通过一定的技术，有目的地控制烟云流动，烟雾剂也是烟剂的一种，可借助喷烟机完成。

11. 颗粒剂

用农药原药和载体制成的颗粒状制剂。主要用于灌心叶、撒施、点施等。一般直接用手撒，或使用大口径、粗管喷粉机也可使用。使用方便，不受水源限制，常用于防治地下害虫。

12. 缓释剂

在农药加工过程中，利用物理或化学的方法使农药储存于农药的加工品中，将农药颗粒包裹起来，使用时，根据需要使农药有控制地缓慢释放出来。

13. 超低量油剂

是一种专门用于超低量喷雾用的油剂农药剂型。超低容量喷雾时一般不采用水为载体，而是采用有机溶剂做载体。所使用的溶剂必须具有很好的溶解性、稳定性、较低的挥发性及黏度，并且安全、廉价、来源丰富。在使用时必须选用带超低量喷头的喷雾设备，绝对不可用常量喷雾设备喷洒。

二、农药的施用方法

施药时应依据农药的剂型、植物的种类及其发育期，选择正确的使用方法和器械，以保证药剂均匀分布在植物或有害生物的表面，达到科学、高效的防治效果。目前常用的施药方法有以下几种。

1. 喷雾法

用喷雾器把液体药剂均匀地喷洒在目标物上，喷洒时要周到、均匀，使药液在植物表面有足够的附着。按单位面积用药量可分为常规喷雾、低容量喷雾、超低容量喷雾。

2. 喷粉法

用喷粉器将粉剂农药均匀地喷洒在目标物上。

3. 喷烟法

用喷烟机使烟雾剂农药受热，通过烟雾携带农药扩散、沉降到目标物上。

4. 拌种法

将种子与农药按一定的比例混合搅拌，使药剂均匀附在种子表面，一般用于防治地下害虫和苗期病虫害。

5. 注射法

用注射器将液体农药注入植物体内，药剂通过输导或挥发杀死有害生物。

6. 毒环法

将农药和稀释剂按一定的比例混合，在树干基部涂一定宽度的闭合环，害虫爬过毒环时触杀中毒或被粘住而死。也可用毒纸环、毒笔等方法，原理相同。此方法用于防治有上下树习性的害虫。

7. 土壤处理法

在土壤的不同深度和范围内施放农药，防治有害生物。此法持效期长，适合防治土壤中的有害生物。

8. 熏蒸法

在密闭的环境中，使药剂蒸发成气体，杀死有害生物。多用于仓储有害生物的防治和种子、苗木、木材的除害处理。应用毒签、毒泥等对天牛等蛀干类害虫防治都是利用熏蒸法的原理。

9. 毒饵法

将农药与饵料及其他添加剂均匀混合制成毒饵，引诱有害生物取食中毒，多用于防治地下害虫和害鼠。

10. 浸渍法

用一定浓度的农药稀释液浸渍种子或苗木，杀死侵入种苗内的有害生物。

11. 灌根法

选择有内吸性的药剂，按一定比例的浓度稀释后，浇灌在植物的根部，通过植物的传导，杀死危害植物干部、叶部的有害生物。

三、科学使用农药

科学使用农药，就是正确认识农药的性质、防治对象和寄主种类、药械和环境因素，并合理对其相互关系进行调节、控制和运用，从而取得理想的防治效果。科学使用农药主要应考虑以下几个方面。

（一）合理用药提高药效

1. 对症施药

各种农药的性质和作用方式不同，其防治对象也不同，在使用农药之前，应仔细阅读农药使用说明，了解其防治对象、用量和注意事项。如杀虫剂中的胃毒剂对咀嚼式口器的害虫有效，对刺吸式口器害虫则无效；内吸剂一般对刺吸式口器的害虫有效；触杀剂对各种口器的害虫都有效。

2. 适时施药

掌握病害或害虫的最佳防治时机，可收到最好的防治效果。施药时间应根据有害生物的发育期（最好是生活史或侵染循环中最薄弱的环节）、林木发育进度和农药性质来选择，做到在防治的关键时期适时用药。对病害要掌握在发病中心区和病菌侵入寄主之前进行防治；对害虫要掌握在幼虫的低龄期用药，同时应尽可能避开天敌对农药的敏感期，减少对天敌的杀伤。

3. 适量施药

各种防治对象所使用药剂的浓度、剂量是根据药效试验结果而确定的。农药的施用量应当根据农药的性质和环境因素，依照商品的使用说明确定用药量，不能随意增减，否则会使林木产生药害或降低防治效果。

4. 适型施药

农药的剂型很多，要根据不同的防治对象、不同的防治时期、不同的环境条件等因素，选择适宜的剂型，以提高药效，达到防治目的。

5. 适法施药

施药时应以农药的剂型、植物的种类及其发育期，选择正确的使用方法和器械，以保证药剂均匀分布在作物或有害生物的表面，达到科学、高效的防治效果。

6. 科学混配农药

为提高药效或防止产生抗药性，往往将不同的农药混合使用。混配前必须认真阅读说明书，并在有关技术人员的指导下混配，切忌将不能混用的农药混配到一起，以免降低甚至丧失防治效果。

7. 预防抗药性的发生

在一个地方长期、连续使用一种农药防治同一种有害生物，常使有害生物产生抗药性，药效明显减退。因此可以采取轮换用药、间断用药和混用农药等措施来预防抗药性的发生。

（二）安全用药防止毒害

1. 防止农药对植物产生药害

产生药害的原因很多，主要有药剂、植物和环境条件三个因素，如药剂质量差、不适当的混合，植物对某种农药敏感，施药时间、方法和用药量不当等，均容易产生药害。所以要使用“三证”齐全的农药；不要滥用药，不要随意增加用药量和随意混配农药，高温时不要喷药；初次使用的农药，一定要先进行试验，然后再大面积应用。

2. 防止对有益生物的毒害

施用农药除对有害生物和寄主植物有直接和间接作用外，对周围的生物群落也会产生一定的影响，特别是易对授粉昆虫、有益动物和微生物产生不良的影响。因此应选择适当的施药时间、施药量、施药方式等避免对有益生物的毒害。还应用具有选择性的药剂，即对有害生物高效，对有益生物无害的药剂。

3. 防止对人、畜的毒害

在农药运输、贮存及使用过程中，要严格遵守《农药安全使用规定》，加强对农药的管理，做好农药的运输、保管、配药、施药和施药后的防护和保卫工作，确保人、畜等的安全，防止中毒事故发生。

4. 严禁使用剧毒、高毒、有残留的农药

不得使用国家明令禁止使用的农药。任何农药产品都不得超出农药登记批准的使用范围使用。目前国家明令禁止使用和限制使用的农药如下。

禁止生产、销售和使用的农药名单（23 种）：

六六六，滴滴涕，毒杀芬，二溴氯丙烷，杀虫脒，二溴乙烷，除草醚，艾氏剂，狄氏剂，汞制剂，砷类，铅类，敌枯双，氟乙酰胺，甘氟，毒鼠强，氟乙酸钠，毒鼠硅，甲胺磷，甲基对硫磷，对硫磷，久效磷，磷胺。

在蔬菜、果树、茶叶、中草药材等作物上限制使用的农药名单（19 种）：

禁止甲拌磷，甲基异硫磷，特丁硫磷，甲基硫环磷，治螟磷，内吸磷，克百威，涕灭威，灭线磷，硫环磷，蝇毒磷，地虫硫磷，氯唑磷，苯线磷在蔬菜、果树、茶叶、中草药材上使用。禁止氧乐果在甘蓝上使用。禁止三氯杀螨醇和氰戊菊酯在茶树上使用。禁止丁酰肼（比久）在花生上使用。禁止特丁硫磷在甘蔗上使用。除卫生用、玉米等部分旱田种子包衣剂外，禁止氟虫腈在其他方面的使用。

四、开展无公害防治

无公害防治是指应用无公害农药和无公害技术对靶标生物经济高效、对非靶标生物相对安全，对人类健康和生态环境影响较小的行为。无公害防治是相对过去使用剧毒或高毒农药及不正确的施药方法而言，是对环境相对安全，对有益生物和人畜影响相对较小的防治方法和技术措施。目前无公害防治至少应包括无公害农药和无公害技术两个方面的内容，无公害防治药剂应包括农药有效成分和助剂无公害；无公害防治技术体系由以抚育管理为主的营林措施、以生物防治为主的调控措施、以物理防治为主的辅助措施等组成。具体包括营林技术、生物制剂、仿生制剂、天敌防治、人工物理防治、性信息素应用及化学药剂的安全使用等。

1. 营林技术

营林措施是防御林业有害生物成灾的根本措施，是在有害生物防治中应长期坚持的重要措施之一。主要包括：营造混交林、清理虫害木、抚育修枝、选育抗性树种、封山育林等。

2. 生物防治

广义的生物防治不仅包括各种捕食性天敌、寄生性天敌，还包括微生物源农药、植物源农药和动物源农药，以及昆虫信息素和昆虫生长调节剂等。农药的选择首先应对害虫高效，但发挥一段时间作用后能很快分解，分解产物对环境也是安全的，其次要有较高的选择性，即对人畜无害，对天敌安全，对鱼、鸟类等也安全，要尽量应用生物制剂、仿生制剂、性信息素及植物源杀虫剂等，如白僵菌、苏云金杆菌、病毒、灭幼脲类、烟碱等药剂。

在林业有害生物防治中，常用天敌有：赤眼蜂、管氏肿腿蜂、白蛾周氏啮小蜂、花绒寄甲、大唼蜡甲、啄木鸟等。如应用赤眼蜂防治松毛虫，管氏肿腿蜂、花绒寄甲防治天牛，白蛾周氏啮小蜂防治美国白蛾，大唼蜡甲防治红脂大小蠹等。应用信息素诱杀的主要对象有云杉八齿小蠹、舞毒蛾、白杨透翅蛾、美国白蛾、松毛虫和日本松干蚧等害虫。

3. 人工物理防治

主要包括：人工和机械捕杀、诱集与诱杀、阻隔分离、剪虫网、灯光诱杀等。其中，人工捕杀在防治天牛类害虫时应用较多；剪虫网、枝，绑草把诱杀在防治美国白蛾等食叶害虫中应用较多。此外，还有用绑扎塑料裙阻隔法防治草履蚧等。

4. 采用安全施药方式

在应用化学药剂时，尽量避免采用大面积放烟、喷烟或喷雾防治。可采取的安全用药方式主要包括：药剂堵孔、毒绳、毒笔、毒环、涂干及树干打孔注射等方法。使用这些方法对环境和天敌较安全。药剂堵孔、毒签等防治天牛等蛀干害虫，毒绳、毒笔用于防治松毛虫等效果很好。

第二节　杀虫（螨）剂

1. 阿维菌素

性质特点　为抗生素类杀虫剂，对捕食性和寄生性等有益天敌昆虫影响小，广谱、高效、低残留、使用安全。对昆虫和螨类具有触杀和胃毒作用，并有微弱的熏蒸作用，无内吸作用。

主要剂型　0.5%阿维菌素乳油、0.9%阿维菌素乳油、1%阿维菌素乳油、1.2%阿维菌素微囊悬浮剂、1.8%阿维菌素乳油、1.8%阿维菌素微乳剂等。

防治对象　多用于林木、果树、农作物及蔬菜，可防治鳞翅目、同翅目、鞘翅目、半翅目昆虫和植食性螨类等，如松毛虫、梨木虱、尺蠖、杨舟蛾、舞毒蛾、天幕毛虫、潜叶蛾、桃小食心虫、李小食心虫、茶毛虫、叶螨类、根结线虫、螟虫、小菜蛾、蚜虫、蓟马等，但对虫卵无毒杀作用。

使用方法及剂量　1.8%阿维菌素乳油地面喷雾一般稀释3 000～6 000倍；飞机喷雾75～150毫升/公顷；烟雾机喷烟与零号柴油按1∶20～40比例混合。1.2%微囊悬浮剂常量喷雾稀释4 000～8 000倍；低容量喷雾稀释100～150倍。

（1）防治叶螨类（包括山楂、苹果、板栗、侧柏等的红蜘蛛），0.5%～1.8%阿维菌素乳油2 000～4 000倍液常量喷雾，重点防治越冬代各虫态。

（2）防治鳞翅目害虫等，在幼虫孵化盛期后，可用0.5%～1.8%阿维菌素乳油2 000～4 000倍液进行超低容量喷雾防治。在用水困难的林区，可喷烟防治，用1%油烟剂兑零号柴油20倍后，用脉冲式喷烟机喷烟。

（3）防治梨木虱，1.8%阿维菌素乳油4 000～5 000倍液喷雾。

混配（复配剂）及应用　可与高效氯氰菊酯、辛硫磷、毒死蜱、苏云金杆菌、灭幼脲Ⅲ号、除虫脲、吡虫啉乳油等混配或复配使用，并提高药效。如用2%阿维·苏可湿性粉剂，稀释1 200倍防治松毛虫、黄脊竹蝗等，防治松毛虫，在气温25℃以上时喷雾；用3.15%阿维菌素·吡虫啉乳油1 000倍液防治梨木虱；用1.8%阿维菌素乳油与25%灭幼脲Ⅲ号1∶1混配喷雾防治杨小舟蛾、天幕毛虫、舞毒蛾、黄刺蛾和落叶松鞘蛾等；应用10%阿维·除虫脲悬浮剂，防治松毛虫、袋蛾、毒蛾、舟蛾、天牛，在发生初期，1 000～2 000倍液喷雾，飞机低容量喷雾600～900克/公顷。防治果树桃小食心虫，在1代幼虫蛀果前，1 000～2 000倍液喷雾。防治潜叶蛾、金纹细蛾、卷叶蛾，在卵孵化盛期，800～

1 000倍液喷雾；应用25%阿维·灭幼脲悬浮剂防治果树金纹细蛾、卷叶蛾、潜叶蛾、在卵孵化盛期，2 000～3 000倍液喷雾。防治松毛虫、毒蛾、美国白蛾、舟蛾等，于害虫发生初期，1 000～1 500倍液喷雾，飞机低容量喷雾450～600克/公顷；应用5%阿维·杀铃脲悬浮剂防治美国白蛾、松毛虫、杨扇舟蛾、杨小舟蛾、春尺蠖、毒蛾类、叶蜂类、叶甲类等，1 500～2 000倍液喷雾。

注意事项

（1）该药强光下易分解，在傍晚时使用，效果更好。配好的药液应当日用完，随配随用。

（2）该药对昆虫和螨类具有胃毒和触杀作用，不能杀卵，因此在害虫卵孵化至1龄高峰期用药为佳。

（3）该药与其他农药混用不影响药效，无交叉抗药性。本剂对其他类杀螨剂产生抗性的害螨仍有效。

（4）水中浮游生物对本品敏感，必须遵守一般农药的使用规则，避免本剂污染鱼塘和江河。对蜜蜂有毒，花期勿用。

（5）该药对人有毒，避免药剂接触皮肤和溅入眼中，应注意防护，如果药剂接触皮肤应立即用大量清水和肥皂水漂洗，溅入眼中用大量清水清洗。如有误食，可服用吐根糖浆或麻黄素解毒，在急救期间不得服用巴比妥、丙戊酸等。

2. 甲氨基阿维菌素苯甲酸盐（简称甲维盐）

性质特点　以阿维菌素为原料半合成的抗生素类杀虫、杀螨剂，具有高效、广谱、残效期长的特点，以胃毒为主兼具触杀作用。由于它极易渗透到植物表皮细胞中，使施药植物具有长期残效，在施药10天以上又出现第二个杀虫高峰，同时很少受环境因素如阳光、风、雨等影响。

主要剂型　0.5%甲维盐乳油、1%甲维盐乳油、20%甲维盐乳油、0.5%甲维盐片剂、1%甲维盐片剂、5%甲维盐片剂、1%

甲维盐油烟剂。

防治对象 用于林木及作物、蔬菜等，尤其对鳞翅目、双翅目、蓟马类效果好，可防治松毛虫、美国白蛾、蜀柏毒蛾、舞毒蛾、天幕毛虫、杨扇舟蛾、杨白潜叶蛾、榆毒蛾、尺蠖、红蜘蛛等及红带卷叶蛾、夜蛾、小菜蛾、黏虫、甜菜夜蛾、斜纹夜蛾、烟草天蛾、甘蓝银纹夜蛾等害虫。

使用方法及剂量

（1）防治食叶类害虫，如鳞翅目的刺蛾、袋蛾、舟蛾、毒蛾、尺蛾、枯叶蛾、夜蛾、螟蛾、蝶类等的幼虫，用1%甲维盐乳油2 000～3 000倍液喷雾。

（2）防治蚧虫、蚜虫、粉虱、木虱等同翅目害虫。在越冬代和第一代1～2龄若虫盛发期，用1%甲维盐乳油3 000～5 000倍液喷雾，每隔7～10天喷1次，连喷2～3次；防治蚜虫应消灭中心虫株，在有翅蚜出现飞迁之前施药。

（3）飞机防治，如应用片剂，采用超低量喷雾，用量为有效成分1 500～1 800毫克/公顷；地面防治如用1%甲维盐片剂可用10 000倍液喷雾防治松毛虫；8 000～12 000倍液防治美国白蛾、舞毒蛾、天幕毛虫、杨扇舟蛾、杨白潜夜蛾、榆毒蛾、小尾叶蝉、尺蠖、红蜘蛛等；8 000倍液防治蜀柏毒蛾、三叶草夜蛾。

（4）应用1%烟剂防治食叶害虫，180毫升/公顷，用喷烟机喷烟，在害虫发生初期，阴天或傍晚施药最佳，不可与碱性农药等混用。

注意事项 本品对鱼类、蜜蜂、家蚕高毒。应特别注意，施药时应远离水源，避开蜜源植物的开花期。

3. 多杀菌素

性质特点 又名多杀霉素，为生物源杀虫剂，毒性低，对皮肤无刺激，对眼睛有轻微刺激，对益虫和哺乳动物安全，在环境中可降解，无富集作用，不污染环境。对害虫具有快速的触杀和胃毒作用，对叶片有较强的渗透作用，无内吸作用，药效不受雨水的影响，速效性好。

主要剂型　2.5%多杀菌素悬浮剂、48%多杀菌素悬浮剂。

防治对象　主要防治鳞翅目害虫，兼治双翅目、缨翅目害虫，也可防治鞘翅目和直翅目中某些大量取食叶片的害虫种类，如苹果、梨、桃等果树及棉花、茶、蔬菜等，对柑橘大实蝇、桃瘤头蚜、苹果蚜、棕榈蓟马、棉铃虫、小菜蛾、甜菜夜蛾、菜青虫等有很强的毒杀效果，但对刺吸式害虫和螨类的防治效果较差。

使用方法及剂量

（1）防治鳞翅目害虫，在低龄幼虫盛发期用2.5%多杀菌素悬浮剂1 000～1 500倍液均匀喷雾。

（2）防治蓟马，于发生期用2.5%多杀菌素悬浮剂1 000～1 500倍液均匀喷雾，重点在幼嫩组织如花、幼果、顶尖及嫩梢等部位。

混配（复配剂）的应用　可与苏云金杆菌等复配。如应用2%多杀菌素·苏云金杆菌1 500～1 800克/公顷，在1～2龄幼虫期喷雾防治小菜蛾，每7～10天施药1次。

注意事项

（1）本品为低毒生物源杀虫剂，但使用时仍应注意安全防护。

（2）可能对鱼或其他水生生物有毒，应避免污染水源和池塘等。

（3）存放于阴凉、干燥、安全的地方，远离粮食、饮料和饲料。

4. 苏云金杆菌

性质特点　为微生物杀虫剂，绿色无公害，不污染环境，无残留，对人畜、天敌和有益生物安全，为低毒广谱性胃毒剂。

主要剂型　2 000国际单位/微升悬浮剂、4 000国际单位/微升悬浮剂、8 000国际单位/毫克可湿性粉剂、16 000 国际单位/毫克可湿性粉剂、8 000 国际单位/毫克油悬浮剂等。

防治对象　林木、果树、蔬菜及农作物，可防治直翅目、鞘翅目、双翅目、膜翅目，特别是鳞翅目的多种害虫，如尺蠖、舟蛾、刺蛾、天蛾、夜蛾、螟蛾、枯叶蛾、蚕蛾、蝶类，如美国白蛾、松毛虫、银纹夜蛾、小地老虎、玉米螟、小菜蛾、棉铃虫等。经试验该药对毒蛾效果差。

使用方法及剂量

（1）防治松毛虫、杨舟蛾、美国白蛾等食叶害虫在 2 ~ 3 龄幼虫发生期，可用 8 000 国际单位/毫克可湿性粉剂 800 ~ 1 200 倍液、2 000 国际单位/微升悬浮剂 200 ~ 300 倍液均匀喷雾；飞机喷雾 600 万 ~ 1 200 万国际单位/公顷。

（2）防治茶毛虫、枣尺蠖、金纹细蛾等害虫可用 8 000 国际单位/毫克可湿性粉剂 600 ~ 800 倍液均匀喷雾、2 000 国际单位/微升悬浮剂 150 ~ 200 倍液均匀喷雾。

（3）防治食心虫类可用 8 000 国际单位/毫克可湿性粉剂 3 000 ~ 4 500 毫升/公顷，兑水均匀喷雾。

混配（复配剂）及应用　可与阿维菌素、松毛虫质型多角体病毒、美国白蛾核多角体病毒、茶毛虫核型多角体病毒、灭多威、氟脲杀、氯氰菊酯、氰戊菊酯、杀虫单、杀虫双等药剂混配或复配使用。如 2% 阿维菌素 · 苏云金杆菌和粉状轻质碳酸钙按 1:15、1:20 配比，375 ~ 525 克/公顷喷粉，防治杨小舟蛾；1 000 毫升 2 000 国际单位/微升的苏云金杆菌与茶毛虫核型多角体病毒 0.2 亿多角体/毫升混配，在幼虫期，温度为 16 ~ 28℃ 时采用 1 000倍液喷雾防治茶毛虫，还可兼治茶刺蛾、茶尺蠖；应用 10.8% 毒（毒死蜱）· 苏（苏云金杆菌）可湿性粉剂防治斜纹夜蛾，用量为 600 ~ 900 克/公顷，兑水喷雾。

注意事项

（1）本品为胃毒剂，没有内吸杀虫作用，要求喷雾时均匀周到。对低龄幼虫效果好，应在3龄前使用。施药最适温度28～32℃，30℃以上效果最好。应在阴天或晴天傍晚时施药，以免日光中紫外线照射，喷药后遇小雨无妨碍，降中至大雨应补喷。

（2）可与杀虫剂或杀螨剂混合使用，有增效作用，但不能与内吸性有机磷或杀菌剂如乐果、甲基内吸磷、稻丰散、伏杀硫磷、杀虫畏、波尔多液混用。

（3）妥善保存药剂，慎重选择施药时间，在储藏、运输和使用过程中应避免阳光直射，不怕冻，应保存在低于25℃的干燥、阴凉仓库中，防止暴晒和潮湿。

（4）对家蚕高毒，不能在养蚕区使用，施药区与养蚕区应保持一定距离。如产品接触眼睛，即刻用大量清水冲洗，如果误食，喝两杯水后用手指压喉催吐。

5. 白僵菌

性质特点　主要指球孢白僵菌，为真菌微生物杀虫剂。活性孢子的萌发需要一定的温、湿度条件，一般在5～30℃之间可发育，发育最适温度为24～28℃，相对湿度90%左右。孢子5℃萌发需相对湿度在90%以上，菌体遇到较高的温度自然死亡而失效，孢子可借风、昆虫等继续扩散，侵染其他害虫。害虫被白僵菌孢子侵染后，约4～5天后死亡。

主要剂型　500亿孢子/克母粉、400亿孢子/克可湿性粉剂等。

防治对象　用于林木、果树、园林及农作物。可防治直翅目、鞘翅目、膜翅目、鳞翅目的多种害虫。如松毛虫、天牛、杨舟蛾、侧柏毒蛾、松叶蜂、蛴螬、白粉虱、卷叶虫、玉米螟、菜青虫、小菜蛾、棉铃虫等，对鳞翅目害虫效果好，常用于防治松毛虫。

使用方法及剂量　一般施菌量15万亿～45万亿孢子/公顷。喷雾法：用水溶液稀释配成菌液喷雾，每毫升菌液含孢子1亿以上。如500亿孢子/克母粉用喷雾法，加水稀释1 500～2 000倍；400亿孢子/克可湿性粉剂喷雾法稀释800～1 000倍。

喷粉法：每克菌粉混合粉含活孢子1亿以上。南方防治马尾松毛虫可在越冬代的11月中、下旬或次年2～4月份放菌，其他世代（或时间）一般不适宜使用白僵菌防治。北方应用白僵菌防治油松毛虫或赤松毛虫，需要温度24℃以上的连续雨天或露水较大的天气条件，施菌量应该适当增加3～4倍。施用方法：采用飞机或地面喷粉、低量喷雾；地面人工放粉炮；预防性措施可采用人工敲粉袋，放带菌活虫等方法。

混配（或复配剂）及应用　可与绿僵菌、噻嗪酮、吡虫啉、毒死蜱、苏云金杆菌等混配（或复配）使用。如用107亿孢子/克白僵菌与绿僵菌粉剂（7∶3）制成粉炮，按75～90个/公顷施放，防治马尾松毛虫；或用白僵菌菌粉201亿孢子/克与含1亿个芽孢/克苏云金杆菌可湿性粉剂按2∶1的比例混合，按7.5千克/公顷喷粉，防治马尾松毛虫。

注意事项

（1）不能在养蚕区使用。

（2）不可与杀菌剂混用。

（3）施放白僵菌应该选择湿度较大、温度适宜的春天、夏初或在害虫越冬前进行。不论采取哪一种方式，都必须尽量把菌粉喷到寄主或虫体上，同时保证菌粉的质量、保持足够的用量，才能达到预定的防治效果。

（4）白僵菌剂加水配成菌液，应随配随用，一般在2小时内用完，以免孢子过早萌发，降低感染力。白僵菌与少量化学农药混合施用，有增效作用。

（5）菌粉配制液剂时，加入少量洗衣粉，便于湿润菌粉分散均匀。

（6）成品菌粉应贮存在阴凉干燥处，避免受潮失效。

（7）人的皮肤对白僵菌有过敏反应，有时会出现皮肤刺痒、嗓子干、痰多等现象，使用时应注意防护。

6. 绿僵菌

性质特点 是一种广谱的昆虫病原菌，能寄生于多种害虫，在害虫种群内形成重复侵染，对人畜无害，不污染环境。

常用剂型 主要有绿僵菌粉剂23亿~28亿活孢子/克、170亿活孢子/克原药。

防治对象 用于林木及农作物等，可防治鳞翅目、鞘翅目、同翅目、直翅目、半翅目等7目200多种昆虫，如松毛虫、天牛、椰心叶甲、食心虫、白蚁、蛴螬、玉米螟、稻叶蝉、稻飞虱、蝗虫、蚱蜢、椿象、斜纹夜蛾、甘蓝夜蛾等害虫，尤其防治蛴螬、地老虎等地下害虫及蝗虫效果好。

使用方法及剂量

(1) 防治松毛虫，在24~28℃、相对湿度80%以上的春季喷菌防治越冬代幼虫。一般阴雨后初晴的天气，空气湿度大时在早晨或晚上，风力3级以下的天气，采取全面喷菌、带状喷菌或点状喷菌的方式。也可采用放活虫法，在林间采集4龄以上幼虫，用5亿个孢子/毫升的菌液将虫体喷湿，然后放回林间，每释放点放虫400~500条。也可在放菌以后，将绿僵菌感染死虫捡回，撒在未感染的林地上风口处，或将虫尸研烂，用水稀释100倍喷雾等。还可用绿僵菌菌粉含孢量为50亿/克，投放粉炮的方式防治第一代马尾松毛虫，每个粉炮125克，按75~90个/公顷施放，在28℃时效果好。也可林间喷雾，170亿活孢子/克原药加水稀释500~1 000倍。

(2) 防治蛴螬等地下害虫，采用毒土法施药。绿僵菌100亿孢子/克粉剂，7.5~22.5千克/公顷拌适量细土均匀撒于垄间

(3) 防治椰心叶甲，用浓度为5亿/克的绿僵菌粉剂，20克/株，隔株防治，将椰树未展开的心叶人工分开，2/3的粉剂均匀撒入椰树心叶叶隙间，1/3的粉剂撒入心叶基部处。

(4) 防治竹笋禾夜蛾，23 亿孢子/克的金龟子绿僵菌对竹笋撒施，每笋用量 20～25 克；菌粉拌细砂土，每公顷用菌粉 22.5 千克拌细砂土 300 千克撒施。

(5) 防治萧氏松茎象，将绿僵菌孢子粉用食用调和油与柴油按 3:7 调制配成 $(1.0 \pm 0.5) \times 10^{10}$ 孢子/毫升的油剂，在树高 0.5 米以下，按 1 500 毫升/公顷喷雾。

混配（复配剂）及应用 可适当混合低浓度的化学农药，增加防效。如选用亚致死剂量或次亚致死剂量的杀虫单与绿僵菌混用防治椰心叶甲。

注意事项 同白僵菌。

7. 微孢子虫

性质特点 微孢子虫为原生动物，经口、卵、皮肤感染，并在其中增殖，使宿主死亡。当前用于农林有害生物防治的微孢子杀虫剂有 3 种，即行军虫微孢子虫、云杉卷叶蛾微孢子虫和蝗虫微孢子虫。该类药对人畜禽极为安全、不污染环境、对鱼也极为安全，因此在一些近水源，或鱼塘的环境中防治蝗虫时提倡使用该生物农药。

防治对象 用有针对性地微孢子虫防治蝗虫、松毛虫、卷叶蛾等。

使用方法及剂量

(1) 防治松毛虫，用 200 万个孢子/毫升玉米螟微孢子虫低龄幼虫期喷雾。

(2) 防治蝗虫，在蝗虫发生地植物的覆盖度小于 50% 时，采用饵剂法施用微孢子虫。先将麦麸过 16 目筛网，留在筛上的麸皮作为饵剂的载体。用手动喷雾机或机动喷雾机将配制好的微孢子虫溶液喷于麦麸上，边喷边搅拌，使麦麸着药均匀。每千克麦麸加入 10 亿个孢子/毫升微孢子虫浓缩液 1 毫升，加水 120 克左右，加入食糖 10～30 克。每千克麦麸可防治 2 亩地（1 亩 =1/15 公顷，下同）。

混配及应用　可与卡死克协同应用。

注意事项

（1）防治蝗虫时，防治适期在2～3龄蝗蝻盛发期。

（2）使用时应选择在2～3天内晴天、小于3级风为好。

（3）当天用不完的微孢子虫浓缩液晚间可放于冰箱冷冻或冷藏，用时取出融化或直接使用。

（4）微孢子虫治蝗，其致死速度较慢，一般在防治后的24天蝗虫开始大量死亡，死亡的蝗虫尸体很快被其他天敌吃掉，因此很难见到死虫。

（5）喷雾法防治时主要是针对蝗虫喜欢取食的植物叶片喷施。

8. 核型多角体病毒

性质特点　该类病毒具有较强专一性，一种病毒只能寄生一种昆虫或其邻近种群，只能在活的寄主细胞内增殖，主要寄生鳞翅目昆虫。可经昆虫口、气门或伤口感染，病虫粪便和死虫可再传染其他昆虫，使病毒病在害虫种群中流行。比较稳定，在无阳光直射的自然条件下可保存数年不失活。对人畜、鸟类、益虫、鱼等安全。

主要剂型　悬浮剂、水乳剂、可湿性粉剂。

防治对象　大面积防治取得良好效果的有舞毒蛾、桑毛虫、松黄叶蜂、松叶蜂、舞毒蛾、天幕毛虫、茶尺蠖、茶毛虫、金合欢树蓑蛾、黏虫、甜菜夜蛾、棉铃虫、苜蓿粉蝶、粉纹夜蛾、实夜蛾、斜纹夜蛾等害虫的核型多角体病毒。

使用方法及剂量

（1）柳毒蛾核型多角体病毒防治柳毒蛾，用量6 000亿～7 500亿多角体/公顷喷雾，最高不超过1.5万亿多角体/公顷。防治适期应在3～4龄幼虫占80%左右时为宜，可在2～3龄幼虫占85%左右时进行。喷施时间在16：00以后为好。

（2）舞毒蛾核型多角体病毒防治舞毒蛾、黄杉毒蛾，1 250亿多角体/公顷喷雾；防治叶蜂，25 亿多角体/公顷喷雾。

（3）应用春尺蠖核型多角体病毒防治春尺蠖，在 2～3 龄幼虫期，含量50 亿多角体/毫升 500～1 000 倍液喷雾；也可用3 000亿～6 000 亿多角体/公顷，在幼虫 4 龄前施用。地面喷雾，最佳时间为 16：00～20：00；如采用飞机防治，用量 3 750 亿多角体/公顷。该病毒可与高效氯氰菊酯、辛硫磷，毒死蜱、苏云金杆菌、灭幼脲Ⅲ号、吡虫啉乳油等复配使用，提高药效，农药加入量为正常用量的 1/10。

（4）应用美国白蛾核型多角体病毒防治美国白蛾，在 2～3 龄幼虫期，采用 1 500 万～3 000 万多角体/毫升喷雾。最佳使用制剂为美国白蛾核型多角体病毒与苏云金杆菌的复合杀虫剂，如采用病毒和苏云金杆菌复合剂 1 百万多角体/毫升 +4 000 国际单位/毫升的苏云金杆菌 500 倍喷雾。

（5）应用茶尺蠖核型多角体病毒防治茶尺蠖，在茶尺蠖 1、2 代和 5、6 代的 1～2 龄幼虫期使用，剂量为 75 亿～150 亿多角体/毫升，喷雾要均匀，应将害虫栖居和取食部位都喷湿，茶尺蠖1～2 龄幼虫分布在茶树上部嫩叶层，喷雾时应将正反面全部喷湿。如混用农药以溴氰菊酯为好。

注意事项

（1）应均匀喷洒，新生部分及叶片背面等害虫喜欢咬食的部位应重点喷洒。

（2）首次施药 7 天后再施 1 次，使田间始终保持高浓度的昆虫病毒。

（3）当虫口密度大、世代重叠严重时，宜酌情加大用药量及用药次数。

（4）本品可与多数杀虫、杀菌剂混用，但能被消毒剂杀死，切忌与碱性物质混用。

（5）不耐高温，易被紫外线杀灭，阳光照射会失活。

（6）应选择阴天或太阳落山后施药，避免阳光直射。

（7）存于阴凉干燥处，保质期 2 年。

9. 松毛虫质型多角体病毒

性质特点　为环保型无公害杀虫剂，对害虫具较强致命力的昆虫病原体病毒，具有致病性、专一性和流行性的特点。可有选择地杀死目的害虫，而不伤害其天敌，保持生态平衡，对人、家畜、家禽和农作物等安全。感染病毒的昆虫死亡较缓慢，一般为 3～18 天或更长。但在病虫患病期间，病毒不断随粪便排出，感染其他健康虫，感病幼虫繁殖能力下降，同时，它可经卵传递给下一代，在害虫种群中形成病毒流行病，对长期控制害虫种群的消长起着重要作用。

防治对象　可防治鳞翅目枯叶蛾类害虫，如马尾松毛虫、油松毛虫、赤松松毛虫、落叶松毛虫、云南松毛虫、思茅松、柏毛虫、明纹柏松毛虫等。

防治方法及剂量

（1）防治松毛虫宜在早晨或黄昏及阴天时进行，在低龄幼虫期，根据温度，剂量在 1 500 亿～3 750 亿多角体/公顷之间调整，可在病毒液中加入 0.06% 的硫酸铜或 0.1 亿孢子/毫升的白僵菌作为诱发剂。防治时，最低温度不低于 10℃，最高温度不高于 35℃，采用地面或飞机超低量喷雾。也可喷粉，但效果不如喷雾。

（2）还可用于防治松茸毒蛾，油剂超低量喷雾防治 2～4 龄幼虫，用量 1 500 亿～3 000 亿多角体/公顷。

混配（复配剂）及应用　可与苏云金杆菌（Bt）混配或复配具有增效作用。如与 Bt 复配，Bt + 松毛虫质型多角体病毒，复配浓度为 6 000 万孢子/毫升 +40 万多角体/毫升，喷雾防治文山松毛虫；或用 1 毫升混合剂含 0.2 亿 Bt 芽孢 +8 万～20 万多角体，在 27℃时喷雾防治马尾松毛虫。

注意事项

（1）使用和操作过程中注意避免药剂进入眼睛。使用后将包装袋妥善处理，勿使儿童接触。

（2）不宜与碱性物质混合加工。

（3）加工过程中处理温度不得高于60℃。

（4）本品低毒，中毒症状不明显。大量误服可将病人送医院催吐；进入眼睛用清水冲洗；大量吸入时换气通风。

（5）在强紫外线照射下容易失活，应贮存于阴凉、干燥通风处，避免高温和曝晒。

（6）不能与食品、饮料、粮食、饲料等混合贮存。应放在儿童和无关人员接触不到的地方。

10. 苦参碱

性质特点　是由中草药苦参的根、茎、叶、果实经乙醇等有机溶剂提取制成的，是植物碱类生物杀虫剂，对人畜低毒，杀虫广谱，具有触杀、胃毒作用，对多种作物上的食叶害虫均有较好的防效。

主要剂型　0.2%苦参碱水剂、0.3%苦参碱水剂、0.3%苦参碱乳油、1.1%苦参碱粉剂、1%苦参碱可溶性液剂。

防治对象　可防治松毛虫、毒蛾、袋蛾、尺蠖、刺蛾、潜叶蛾、椿象、叶蜂、天幕毛虫、美国白蛾、卷叶蛾、蚧壳虫、跳甲、木虱、飞虱、粉虱、螟虫、蝗虫等，尤其对鳞翅目幼虫、同翅目、直翅目若虫防治效果好，对茶毛虫、茶尺蠖、小绿叶蝉等茶树害虫及叶螨、蚜虫，红蜘蛛等果树害虫和作物上的黏虫、蚜虫、菜青虫、稻水象甲、稻飞虱等也有良好的防治效果。

使用方法及剂量

（1）飞机防治。1%苦参碱可溶性液剂300～450毫升/公顷，可防治松毛虫、美国白蛾等。用湿润剂和沉降剂（食盐）225克/公顷。防治作业时要求当天无雨，无风或风速小于1米/秒。

（2）地面喷雾。1%苦参碱可溶性液剂1 000～1 500倍液，防治松毛虫、美国白蛾、杨扇舟蛾、尺蠖、蚜虫、椿象等，在2～

3龄幼虫发生期均匀喷雾；防治枣尺蠖、金纹细蛾等果树食叶类害虫，在低龄幼虫期，1%苦参碱可溶性液剂800～1 200倍液均匀喷雾；防治茶黑毒蛾、茶毛虫、茶尺蠖等，0.2%苦参碱水剂750～1 125毫升/公顷，加水750～1 125千克，稀释成1 000～1 500倍，在1、2龄幼虫期喷雾。

（3）喷烟防治。1%苦参碱可溶性液剂用柴油稀释，用量450～750毫升/公顷，药与柴油比1∶10～30，使用各种型号喷烟机。可防治松毛虫、尺蠖、侧扁锉叶蜂、美国白蛾、刺蛾等。防治作业时要求当天无雨，无风或风速小于3米/秒，郁闭度0.7以上。作业时间一般在上午4：00～6：00或下午16：00～21：00为宜。

混配（复配剂）及应用　可与阿维菌素、除虫菊素等混配或复配。如应用1.8%除虫菊素+苦参碱800～1 200倍液防治苹果、山楂红蜘蛛，北方果树可采用1 200倍液；应用1%除虫菊素·苦参碱微囊悬浮剂1 000～1 500倍液常量喷雾防治梨木虱，宜在早春实施防治，施药间隔期10天左右。

注意事项

（1）严禁与碱性药剂混用，本品速效性差，应在害虫低龄期施药或提前3～5天防治。

（2）如作物用过化学农药，5天后方可施用此药，以防酸碱中和影响药效。

（3）使用时将药液摇匀，喷洒均匀周到。

（4）避光储存。

11. 烟碱

性质特点　烟碱又名尼古丁，属植物碱类生物农药，极易通过体表“渗”入体内。对害虫有胃毒、触杀、熏蒸作用，并有杀卵作用，易挥发，残效期短，对林木安全。

主要剂型　0.5%烟碱水剂、1%烟碱水剂、1%烟碱乳油、10%烟碱乳油。

防治对象 对双翅目、半翅目、鳞翅目等多种害虫有效，可防治马尾松毛虫、蜀柏毒蛾、柏木叶蜂、竹毛虫、竹节虫等多种食叶害虫。

使用方法及剂量

（1）防治松毛虫，用1%烟碱水剂800～1 000倍液喷雾。

（2）防治美国白蛾，10%烟碱乳油，在幼虫3龄时采用600或800倍液喷雾。

混配（复配剂）及应用 单剂为10%乳油，混配制剂有0.84%、1.3%马钱子碱·烟碱水剂；2.7%莨碱·烟碱悬浮剂；27.5%烟碱·油酸乳油；10%除虫菊素·烟碱乳油；9%辣椒碱·烟碱微乳剂；15%蓖麻油酸·烟碱乳油；2.5%楝素·烟碱乳油。

注意事项

（1）喷药时应均匀，防止漏喷。一般每隔6～7天喷1次，共喷药2～3次。

（2）配成的药液应立即使用。

（3）烟碱对人有毒，配药或施药时都应做好防护措施。

（4）主要用于触杀和胃毒，使用时在稀释液中加入一定量肥皂或碱，能提高药效。

（5）使用时不宜与酸性农药混用。

（6）易挥发，应密闭存放。

12. 苦参碱·烟碱

性质特点 本品为植物源杀虫剂，触杀、胃毒性强，并具一定的熏蒸作用，是开展无公害防治、保护环境、替代化学农药的理想产品。高效、低毒、低残留、无污染、对害虫不易产生抗药性、杀虫谱广。

主要剂型 1.2%苦参碱·烟碱烟剂、1.2%苦参碱·烟碱乳油（简称1.2%苦·烟乳油）。

防治对象 对鳞翅目、半翅目、缨翅目、双翅目、同翅目等昆虫都有较好的防治效果。虫龄以2～3龄最佳。主要用于防治松毛虫、美国白蛾、尺蠖、天幕毛虫、杨毒蛾、杨扇舟蛾、春尺蠖、榆绿叶甲、梨木虱、侧扁锉叶蜂、菜青虫、草地螟、棉铃虫、黏虫、红蜘蛛、蚧壳虫、蚜虫等多种农林害虫。尤其对鳞翅目、同翅目幼虫防治效果好。

使用方法及剂量

（1）喷烟。应用1.2%苦·烟乳油与柴油的比例为1:9，郁闭度0.7以上，在害虫发生期施用，喷烟时间以上午4：00～6：00点或下午16：00～21：00为宜，施药当天无雨，风速小于3米/秒，视虫情发生趋势，可在7～10天后再喷1次。

（2）飞防。1.2%苦·烟乳油300～450毫升/公顷，润湿剂和沉降剂（食盐）225克/公顷。于低龄幼虫期施用，风速小于1米/秒、坡度小于45°。

（3）常量喷雾。1.2%苦·烟乳油用量450毫升/公顷，稀释800～1 000倍，在低龄幼虫期施用，作业时间以上午10：00以前或下午16：00以后为宜，用药期间应在4小时内无雨，遇雨补喷。

（4）喷粉。按膨润土90%、滑石粉6%、1.2%苦·烟乳油4%的比例混合均匀，15～22.5千克/公顷，用喷粉机喷施。在上午露水未干时施用，适用于水源不便，地势险要的地方。

（5）超低量喷雾。1.2%苦·烟乳油450～525毫升/公顷，稀释2～3倍。上午10：00以前或下午16：00以后施药为宜。适用于地势平坦，风速小于3米/秒的地段。

1.2%苦参碱·烟碱烟剂的使用

（1）在放烟前应根据实际情况布好烟点、烟线。平坦地，烟线与风向正交，山地、丘陵要按山谷风走向布线。傍晚时利用下坡风即山风放烟，发烟线设在高地上。早上利用上坡风即谷风，发烟线设在坡下，烟线均距林源5米。放烟前清除烟点周围杂草、枯枝落叶，形成一个直径50厘米左右的露出地表的圆盘，做到烟剂周围不接触可燃物为准。

（2）寻找气温逆增时间，一般早晨在日出前后 1 小时，傍晚在日落前后半小时至 22：00，为最佳放烟时间。林内风速在 0.3～1 米/秒为宜，放烟时应充分利用山风和谷风将烟雾送到防治区。

（3）放烟时应统一时间，统一号令，逆风依次拉燃烟剂。

（4）将烟筒垂直放于地面或挖好的坑内，将露在外面的线绳拉出一段，用脚踩住纸筒顶端线绳基部，用力拉线绳，产生烟雾后，人立即离开。

（5）地面放烟正常以 15 千克/公顷为宜，以防治低龄幼虫为主。如虫龄较大应适当增加用药量至 22.5～30 千克/公顷。

混配及应用　可与 Bt 等混配，如苦・烟乳油 + Bt 粉剂在 2～4 龄幼虫期喷雾防治春尺蠖、杨扇舟蛾；防治蝗虫，用量 315～405 克/公顷，在 1～2 龄期喷雾。

注意事项

（1）以防治低龄幼虫为主。松毛虫以 2～3 龄时最佳。喷雾时间，在上午 8：00～10：00，下午 16：00～18：00 为宜，喷药应细致均匀，照顾到作物外围叶片背面上的害虫。

（2）严禁与碱性农药、碱性物质混用。

（3）烟剂易燃，储运过程中，应远离火源。严防过重挤压及猛烈撞击。应贮存于通风干燥、阴凉处。

（4）放烟人员一旦被困在烟中，应立即伏卧地上，将脸埋于湿土层或枯枝落叶层中，不可在烟中长时间站立奔跑。放烟结束后还应认真检查现场，并对放烟点进行掩埋，以免残留物引起火灾。作业后应用清水洗手洗脸。

（5）对人眼有轻微刺激，应做好个人防护。如误服应及时到医院救治。

13. 除虫菊素

性质特点　为触杀性杀虫剂，杀虫速度快，高效广谱，可用于防治抗药性很强的害虫，无残留，对人畜无副作用，是安全的无公害天然杀虫剂。

主要剂型　1.5%除虫菊素水乳剂、3%除虫菊素微囊悬浮剂、3%除虫菊素水剂、5%除虫菊素乳油。

防治对象　可防治蚜虫、粉虱、叶蝉、刺蛾类等刺吸式和咀嚼式口器害虫。除虫菊素配制成的喷雾剂还广泛用于家庭卫生杀虫、绿色水果、绿色茶叶、绿色蔬菜等经济作物。

防治方法及剂量

（1）防治茶园害虫，3%除虫菊素水剂400～800倍液防治茶假眼小绿叶蝉；400～600倍液防治茶尺蠖；主治茶尺蠖时应以400倍液为宜；主治茶假眼小绿叶蝉，兼治茶尺蠖时浓度以400～600倍液为宜。

（2）防治桃树红蜘蛛，在红蜘蛛发生始盛期，5%除虫菊素乳油800～1 000倍液喷雾。

混配（复配剂）及应用　如应用1.8%除虫菊素加苦参碱水乳剂800～1 000倍液防治苹果黄蚜和山楂叶螨；应用1%除虫菊素·苦参碱微囊悬浮剂防治梨木虱，在第二代或前2代采用1 000～1 500倍液常规均匀喷雾。

注意事项

（1）对鱼类等水生生物和蜜蜂有毒。

（2）不稳定，遇碱易分解。强光、高温下也易分解，最好于清晨或傍晚用药。

（3）浓度太低时，用药后害虫常有复苏现象，故应按推荐用量配制。

（4）以触杀作用为主，无内吸作用，喷雾需均匀，药液需喷洒到虫体。

（5）不能与石硫合剂、波尔多液、松脂合剂等碱性农药混用。商品制剂需在密闭容器中保存，避免高温、潮湿和阳光直射。

14. 鱼藤酮

性质特点　具有强烈的触杀和胃毒作用，无内吸性。见光易分解，在空气中易氧化。残留时间短，一般为 5 ~6 天，夏季日光下仅 2 ~ 3 天，对环境无污染，对天敌安全，对人畜没有大的危害。

主要剂型　2. 5% 鱼藤酮乳油、7. 5% 鱼藤酮乳油、10% 鱼藤酮乳油。

防治对象　用于林木及蔬菜等，可防治尺蠖、毛虫、茶蚕、卷叶蛾、蓑蛾、刺蛾、蚜虫、叶蝉、粉虱、木虱等。

防治方法及剂量　2. 5% 鱼藤酮乳油 2 250 ~3 750 毫升/公顷，加水稀释成300 ~500 倍液，或用 7. 5% 鱼藤酮乳油 600 ~800 倍液喷雾。

混配（复配剂）及应用　可与阿维菌素、除虫菊素等混配或复配增加药效。如 2. 5% 鱼藤酮乳油与 1. 8% 阿维菌素乳油按有效成分 4∶1 混配，喷雾防治枸杞蚜虫；5% 除虫菊素 · 鱼藤酮乳油可防治柑橘矢尖蚧、斜纹夜蛾、蔬菜菜青虫、蚜虫、小菜蛾、棉铃虫等。

注意事项

（1）不能与碱性农药混用。

（2）对鱼类高毒，使用时应防止污染鱼塘。

（3）本品可燃，有毒，具刺激性。与明火或灼热的物体接触时能产生剧毒的光。

（4）误服会中毒。对眼睛、皮肤有刺激作用。

15. 苦皮藤素

性质特点　具有胃毒作用，无熏蒸作用，对高等动物、鸟类、水生动物、蜜蜂及害虫主要天敌安全。

主要剂型　0. 2% 苦皮藤素乳油、0. 15% 苦皮藤素微乳剂、0. 5% 苦皮藤素微乳剂。

防治对象　主要防治具咀嚼式口器的害虫。对部分鳞翅目、直翅目、鞘翅目及双翅目害虫效果好，如松毛虫、天幕毛虫、槐尺蠖、天牛、斑潜蝇及菜青虫，小菜蛾等。

使用方法及剂量

(1) 防治松毛虫等食叶害虫0.2%苦皮藤素乳油1 000～1 500倍液喷雾；0.5%苦皮藤素微乳剂兑水稀释2 000～3 000倍喷雾。

(2) 防治山楂叶螨0.2%苦皮藤素水剂500或1 000倍液喷雾；1%苦皮藤素乳油防治枣尺蠖，在低龄幼虫盛发期喷雾，发生量中等时剂量为450毫升/公顷，重度发生为600毫升/公顷，宜在下午17：00～19：00施药，避免在害虫超过3龄时或在强光下施药。

(3) 0.2%苦皮藤素乳油1 000～1 500倍液防治槐尺蠖、茶尺蠖，在幼虫3龄前，于傍晚均匀喷雾。

注意事项

(1) 本品不宜与碱性农药混用。

(2) 可根据害虫发生情况，适当增加用药量。

(3) 在害虫发生初期，虫龄较小时用药，效果更佳。

16. 川楝素

性质特点　对多种鳞翅目害虫具有很好的防效，对人畜安全，在环境中易分解，不会造成环境污染，但药效速度较慢，一般24小时后开始生效。

主要剂型　0.5%乳油。

防治对象　用于林木及作物，对野蚕、桑螨、桑毛虫、桑尺蠖、桑螟、桑蓟马、绿盲蝽、灯蛾、金龟子等有很好的防效。

使用方法及剂量

(1) 防治绣线菊蚜、桃瘤蚜、桃蚜等，0.5%苦皮藤素乳油1 000倍液，均匀喷雾。

(2) 防治合欢巢蛾、小袋蛾、臭椿皮蛾、黄缘绿刺蛾等，

0.5%苦皮藤素乳油800~1 500倍液喷雾。

注意事项

(1) 本品不宜与碱性农药混用。

(2) 该药作用速度慢，要注意施药时期，不要随意加大用药量。

(3) 在清早或傍晚用药。

17. 印楝素

性质特点　广谱、低毒，具有拒食、忌避、触杀、胃毒、内吸和抑制昆虫生长发育作用。对人、畜、鸟类和蜜蜂安全，不影响捕食性及寄生性天敌，在环境中易降解。

主要剂型　0.3%印楝素乳油、0.5%印楝素乳油、0.7%印楝素乳油。

防治对象　可防治10个目400多种农林、仓储和卫生害虫，特别是对鳞翅目、鞘翅目等害虫效果好，如美国白蛾、苹果毒蛾、舞毒蛾、日本金龟甲、潜叶蝇、谷实夜蛾、斜纹夜蛾、烟芽夜蛾、草地夜蛾、沙漠蝗、非洲飞蝗、菜蛾、玉米螟、稻褐飞虱、棉铃虫等。

使用方法及剂量

(1) 防治林木害虫、果树害虫，包括松毛虫、潜叶蛾、毒蛾、卷叶蛾、松梢螟、竹螟、红蜘蛛、锈壁虱等，0.3%印楝素乳油1 500~2 000倍液喷雾。

(2) 防治茶叶害虫，包括蚜虫、小绿叶蝉、茶毛虫、卷叶蛾、茶尺蠖、红蜘蛛等，0.3%印楝素乳油1 000~1 500倍液喷雾。

混配（复配剂）及应用　可与白僵菌、绿僵菌复配。

注意事项

(1) 本品为生物农药，药效较慢，但持效期长。

(2) 不能与碱性农药混用。应在干燥、阴凉、避光处保存。

(3) 本品在幼虫期使用，阴天或日落前施药效果更佳。使用前将药品摇匀。

18. 噻虫啉

性质特点　为新型氯代烟碱类杀虫剂。具有较强的内吸、触杀和胃毒作用，杀虫速度快，高效广谱，对人畜、环境及水生生物安全，是安全的无公害天然杀虫剂，是防治刺吸式和咀嚼式口器害虫的高效药剂之一。与常规杀虫剂如拟除虫菊酯类、有机磷类和氨基甲酸酯类没有交互抗性，因而可用于防治抗药性很强的害虫。

主要剂型　1%噻虫啉微胶囊粉剂、2%噻虫啉微胶囊悬浮剂、48%噻虫啉水悬浮剂、噻虫啉新型涂抹剂。

防治对象　松褐天牛、光肩星天牛、桑天牛、板栗剪枝象、茶象甲、吉丁虫等鞘翅目害虫，蟠象、荔枝蝽等半翅目害虫，美国白蛾、松毛虫、杨小舟蛾、苹果潜叶蛾和蠹蛾等鳞翅目害虫，蚜虫、粉虱、叶蝉、蓟马等刺吸式害虫。

防治方法及剂量

(1) 喷雾防治天牛，在天牛羽化初期，2%噻虫啉微胶囊悬浮剂600毫升/公顷兑水配制成10升药液进行飞机喷雾防治。或2%噻虫啉微胶囊悬浮剂稀释2 000～3 000倍喷雾，将药液均匀喷洒在枝干、树冠和其它天牛成虫喜出没之处，以树冠喷湿，树皮微湿为宜。对一年用药防治1次的林木，应在天牛羽化初期进行喷雾；对一年用药防治2次的林木或危害严重地区，可分别在羽化初期与始盛期进行喷雾防治。

(2) 喷粉防治天牛，用1%噻虫啉微胶囊粉剂3千克/公顷与3～4千克轻钙粉拌匀后，用喷粉机林间喷粉。最好在清晨林间带露水或雨后喷粉，以使药剂更好的黏附在树体上。

(3) 防治美国白蛾、松毛虫、杨小舟蛾等鳞翅目害虫，48%噻虫啉水悬浮剂80～100毫升兑水配制成5升药液进行飞机低容量喷雾防治。或48%噻虫啉水悬浮剂稀释8 000～10 000倍喷雾。在3龄幼虫前防治，效果更好。

（4）防治蛀干害虫、食叶害虫和刺吸式害虫，应用噻虫啉新型涂抹剂，可在树干离地面60～80厘米处，在树干上横向切开长10～12厘米，宽4～5厘米的树皮，涂抹20克左右该药剂，然后缠上胶带，封住涂抹药剂的切口即可。

注意事项

（1）严禁与碱性物质混用。

（2）施药时严格按农药使用规程操作；施药后应及时清洗施药器械及全身。

（3）微胶囊悬浮剂长期存放会有少量分层，属正常现象，摇匀后即可使用，不影响药效。

（4）忌阴雨天施药，若施药6小时内遇大雨，药效会大大降低。

（5）涂抹剂勿与食物、种子、饲料混放，以防误服误用。应贮存在阴凉、干燥处，远离儿童。

19. 灭幼脲

性质特点　灭幼脲又称灭幼脲Ⅲ号，属昆虫激素类农药，主要为胃毒，也有一定的触杀作用，无内吸性，具有选择杀虫的特点，对蜕皮昆虫，特别对鳞翅目和双翅目幼虫有特效，不杀成虫但能使成虫不育，卵不能正常孵化。对人、畜、益虫及蜜蜂等膜翅目昆虫和鸟类几乎无毒，对鱼类低毒，对赤眼蜂有影响。药效较慢，2～3天后才能显示出杀虫作用。

常用剂型　25%灭幼脲Ⅲ号悬浮剂。

防治对象　应用于林木、果树及农作物等，可防治松毛虫、美国白蛾、袋蛾、尺蠖、夜蛾、竹蝗、国槐尺蠖、霜天蛾、刺蛾、天幕毛虫、舞毒蛾、柳毒蛾、桃树潜叶蛾、茶黑毒蛾、茶尺蠖、夜蛾类等鳞翅目害虫的低龄幼虫及棉铃虫、螟虫、菜青虫、甘蓝夜蛾、小麦黏虫等农作物害虫。用灭幼脲Ⅲ号 1 000 倍液浇灌葱、蒜类蔬菜根部，可有效地杀死地蛆，对防治厕所蝇蛆、死水湾的蚊子也有好的效果。

使用方法及剂量

（1）防治松毛虫、美国白蛾、舞毒蛾、松毛虫、袋蛾、金纹细蛾、刺蛾、天幕毛虫，25% 灭幼脲Ⅲ号悬浮剂 450 ~ 600 克/公顷，一般稀释 1 500 ~ 2 000 倍，在低龄幼虫期喷雾；飞机低容量喷雾稀释 100 倍。

（2）防治梨木虱、柑橘木虱等害虫，可在春、夏、秋各次新梢抽发季节，若虫发生盛期，25% 灭幼脲Ⅲ号悬浮剂 1 500 ~ 2 000倍液喷雾。

（3）防治桃小食心虫、梨小食心虫、桃蛀果蛾、金纹细蛾、刺蛾等，25% 灭幼脲Ⅲ号悬浮剂 1 000 ~ 2 000 倍液均匀喷雾。

（4）防治柑橘潜叶蛾，25% 灭幼脲Ⅲ号悬浮剂 2 000 ~ 3 000 倍液喷雾。

混配（复配剂）及应用　可与阿维菌素、苏云金杆菌（Bt）、白僵菌、高效氯氰菊酯、甲维盐等混配使用，提高防效。如与 1.8% 阿维菌素乳油以 1:1 比例混配，用药量 1.5 千克/公顷防治焦艺夜蛾、柳杉毛虫、茶毒蛾、马尾松毛虫等食叶害虫；25% 灭幼脲Ⅲ号8 000倍液 + 阿维菌素4 000倍液 + 千胜 Bt 8 000 国际单位/毫克2 000 倍液 + 白僵菌 13 万/毫升防治第一代松毛虫。应用 25% 灭幼 · 甲维盐悬浮剂防治林木舟蛾、美国白蛾、松毛虫、尺蠖、毒蛾、刺蛾等，于幼虫 3 龄前，1 000 ~ 1 500 倍液喷雾，飞机低容量喷雾 450 ~ 750 克/公顷。防治果树小卷叶蛾、潜叶蛾、金纹细蛾，在卵孵化盛期，1 500 ~ 2 000 倍液喷雾。防治茶尺蠖、茶毛虫，在幼虫 3 龄前，450 ~ 600 克/公顷，1 000 ~ 1 500 倍液喷雾；应用 20% 灭幼脲 · 灭虫碱微囊悬浮剂 2 000 ~ 4 000 倍液喷雾防治美国白蛾、尺蠖、松毛虫、毒蛾、叶蜂、天牛、梨小食心虫、桃小食心虫、金丝细蛾等。

注意事项

（1）属迟效型农药，适宜害虫幼龄期使用，在2龄前幼虫期进行防治效果最好，虫龄越大，防效越差。

（2）有沉淀现象，使用时要先摇匀后加少量水稀释，再加水至合适的浓度，搅匀后喷用，喷药时一定要均匀。

（3）不能与碱性农药、肥料混用，以免降低药效，和一般酸性或中性的药剂混用药效不会降低。忌与速效性杀虫剂混配，使灭幼脲类药剂失去了应有的绿色、安全、环保作用和意义。

（4）对虾、蟹等甲壳动物和蚕有害，禁止在虾、蟹及桑园等处及附近使用。

20. 杀铃脲

性质特点　以胃毒作用为主，兼有触杀作用，对卵具较强的触杀作用，属低毒杀虫剂，药效期可达30天。

主要剂型　20%杀铃脲悬浮剂。

防治对象　适用于多种林木，可防治美国白蛾、松毛虫、天幕毛虫、杨扇舟蛾、榆紫叶甲、杨叶甲、榆毒蛾、舞毒蛾、兴安落叶松鞘蛾、蛱蝶、绢粉蝶、落叶松球果花蝇、伊藤厚丝叶蜂、果梢斑螟等鳞翅目、鞘翅目、双翅目害虫。

使用方法及剂量

（1）对4龄前美国白蛾幼虫，使用20%杀铃脲悬浮剂8 000倍液进行喷雾防治。

（2）松毛虫初孵幼虫到4龄前，在有水源、适合人工喷雾的林区可使用20%杀铃脲悬浮剂常量喷雾，用量300～450克/公顷；超低量喷雾为150～225克/公顷。飞机喷雾75～150克/公顷。

（3）防治榆紫叶甲、杨叶甲、榆毒蛾、栎毒蛾、舞毒蛾、天幕毛虫、杨扇舟蛾、落叶松鞘蛾等，应用20%杀铃脲悬浮剂7 000倍液喷雾。

(4) 防治桑天牛用5%杀铃脲乳剂涂树干和枝条。

注意事项

(1) 该药储存有沉淀现象，摇匀后使用，不影响药效。

(2) 为迅速显效可同菊酯类农药配合使用，比例为2:1。

(3) 杀铃脲还有40%悬浮剂，防治对象相同，用量比20%悬浮剂减半。

(4) 本品对水生甲壳类生物、桑蚕有毒，在有这类生产活动的地区不能使用。对虾、蟹幼体有害，成体无害。对人畜、鸟类、鱼类、蜜蜂等无毒。

21. 除虫脲

性质特点　除虫脲又称灭幼脲Ⅰ号，对已产生抗药性的害虫有明显的杀虫效果，对鞘翅目、双翅目多种害虫有效，对鳞翅目幼虫效果好，有效期约40天。以胃毒作用为主，兼有触杀作用，有很强的杀卵作用。

主要剂型　20%除虫脲悬浮剂、25%除虫脲可湿性粉剂。

防治对象　可防治卷叶蛾类、尺蛾类、天蛾类、刺蛾类等鳞翅目害虫。

使用方法及剂量

(1) 防治松毛虫、美国白蛾、天幕毛虫、尺蠖、毒蛾，应用20%除虫脲悬浮剂地面喷雾300~450克/公顷，稀释至2 500~3 000倍液均匀喷雾；飞机低容量喷雾300~450克/公顷。

(2) 防治各种卷叶蛾、天蛾、刺蛾类等害虫，在幼虫孵化初期用20%除虫脲悬浮剂2 000~2 500倍液喷雾。

(3) 防治柑橘锈壁虱、柑橘潜叶蛾、柑橘木虱等，25%除虫脲可湿性粉剂2 500~3 000倍液喷雾。

混配（复配剂）及应用　可与阿维菌素、有机磷类、氨基甲酸酯类、菊酯类、有机氯类农药混用或复配，有速效、持效和增效作用。如应用10%阿维·除虫脲悬浮剂400倍液喷雾防治松褐天牛，或用量600克/公顷在4～5龄时喷雾防治赤松毛虫。

注意事项

(1) 悬浮剂在储存过程中有沉淀现象，使用前应摇匀后稀释。

(2) 应在卵孵化盛期或低龄幼虫期，种群密度低时施药，不宜在幼虫高、老龄期施药。可与速效性药剂混用，不能与碱性物质混用。

(3) 蚕业区谨慎使用，如使用应采取保护措施。

(4) 贮运时应避光，严防潮湿和日晒，不得与食物、种子、饲料混放，避免与皮肤、眼睛接触，防止吸入。

22. 氟铃脲

性质特点 此药剂阻碍昆虫正常蜕皮生长，以胃毒作用为主，兼有触杀和拒食作用，具有很高的杀虫和杀卵活性，速效、高效、低毒、低残留，是目前理想的环保农药，对高抗鳞翅目害虫尤为有效。

主要剂型 5%氟铃脲乳油、20%氟铃脲悬浮剂。

防治对象 可防治多种鳞翅目、鞘翅目昆虫如潜叶蛾、尺蠖、袋蛾、舟蛾、毒蛾、苹果蠹蛾幼虫、夜蛾、棉铃虫、菜青虫、秋黏虫等。

使用方法及剂量

(1) 可采用常规喷雾，低容量喷雾，也可用于飞机作业。常规喷雾，5%氟铃脲乳油2 000～3 000倍液。

(2) 防治卷叶蛾、刺蛾、桃蛀螟、金纹细蛾等鳞翅目害虫，在孵化盛期或低龄幼虫期使用5%氟铃脲乳油1 000～2 000倍液，或氟铃脲20%悬浮剂8 000～10 000倍液喷雾。

混配（复配剂）及应用 可与辛硫磷、甲维盐、阿维菌素、三唑磷、毒死蜱等混配或复配。

注意事项

(1) 使用时喷洒均匀。防治叶面害虫宜在低龄（1～2龄）

幼虫盛发期施药，防治钻蛀性害虫宜在卵孵盛期施药。

（2）不可与碱性农药混用。虫、螨并发时，应加杀螨剂使用。

（3）不宜在桑园、鱼塘等地及附近使用。

23. 氟虫脲

性质特点　此药具有触杀和胃毒作用。对鳞翅目害虫和螨类均有很好效果，对幼、若螨防效显著，持效期长，对天敌和作物安全，对高等动物、鱼类、鸟类、蜜蜂低毒。与同类药相比，具速效性并耐雨淋等特点。

主要剂型　5%氟虫脲可分散液剂。

防治对象　对松毛虫、尺蠖、苹果全爪螨，柑橘全爪螨，竹裂爪螨，云杉小爪螨等害螨、木虱、潜叶蛾、食心虫和卷叶蛾等均有很好的防效。

使用方法及剂量

（1）防治松毛虫、尺蠖、柑橘潜叶蛾、梨小食心虫、桃小食心虫等，5%氟虫脲可分散液剂1 000～2 000倍液喷雾。

（2）防治苹果小卷叶蛾、柑橘卷叶蛾和柑橘木虱等，5%氟虫脲可分散液剂500～1 000倍液喷雾。

（3）防治各种林木的红白蜘蛛，5%氟虫脲可分散液剂2 000倍液喷雾。

注意事项

（1）施药时间应较一般杀虫剂提前3天左右，对钻蛀性害虫宜在卵孵盛期幼虫蛀入寄主之前施药，对害螨宜在幼、若螨盛发期施药。

（2）不宜与碱性农药混用，可以间隔开施药，可先喷氟虫脲治螨，10天后再喷波尔多液治病，如需要相反的用药方式，则间隔期要长些。

24. 噻嗪酮

性质特点　噻嗪酮是一种抑制昆虫生长发育的新型选择性杀虫剂，触杀作用强，也有胃毒作用，对天敌较安全。一般施药后3～7天才能看出效果，对成虫没有直接杀伤力，但可缩短其寿命，减少产卵量，并且产出的多是不育卵，即使孵化也很快死亡。

主要剂型　25%噻嗪酮乳油、25%噻嗪酮可湿性粉剂、40%噻嗪酮胶悬剂。

防治对象　对鞘翅目、部分同翅目以及蜱螨目的幼虫杀灭效果好，可有效防治同翅目的飞虱、叶蝉、粉虱及介壳虫类害虫，药效期长达30天以上。

使用方法及剂量

（1）防治柑橘矢尖蚧、黑刺粉虱、白粉虱等用25%噻嗪酮可湿性粉剂1 500～2 000倍液喷雾。

（2）防治茶小绿叶蝉等用25%噻嗪酮可湿性粉剂750～1 500倍液喷雾。

混配（复配剂）及应用　可与毒死蜱、吡虫啉、杀螟硫磷等混配或复配。

注意事项　使用时应先兑水稀释后均匀喷雾，不可用毒土法。

25. 虫酰肼

性质特点　此药对所有鳞翅目幼虫均有效，对抗性害虫棉铃虫、菜青虫、小菜蛾、甜菜夜蛾等效果好。该药能引起昆虫，特别是鳞翅目幼虫早熟，使其提早蜕皮死亡，对高龄幼虫和低龄幼虫均有效。对非靶标生物如哺乳动物、鸟类、天敌均安全。对眼睛和皮肤无刺激性。

主要剂型　20%虫酰肼乳油，20%虫酰肼悬浮剂、24%虫酰肼悬浮剂、30%虫酰肼悬浮剂。

防治对象　主要用于防治蚜科、叶蝉科、叶螨科、斑潜蝇属的害虫、如梨小食心虫、葡萄小卷蛾、甜菜夜蛾等害虫。

使用方法及剂量　防治枣、苹果、梨、桃等果树卷叶虫、食心虫、各种刺蛾、各种毛虫、潜叶蛾、尺蠖等害虫，用20%虫酰肼乳油1 000～2 000倍液喷雾。

注意事项　该药剂对卵的效果较差，施用时应注意掌握在卵发育末期或幼虫发生初期喷施。

26. 苯氧威

性质特点　苯氧威对害虫具有触杀及胃毒作用，对害虫表现出强烈的保幼激素活性，可使卵不孵化、抑制成虫期变态及幼虫期的蜕皮，造成幼虫后期或蛹死亡。高效、低毒、用药量少，不伤天敌。

主要剂型　3%高渗苯氧威乳油、5%苯氧威可湿性粉剂、25%苯氧威可湿性粉剂。

防治对象　适合于森林、园林、花卉、各种果树等，可防治多种鳞翅目害虫。对松毛虫、杨扇舟蛾、杨小舟蛾、毒蛾、美国白蛾、尺蠖及椰心叶甲、柽柳条叶甲、介壳虫、木虱等有较好防治效果。

使用方法及剂量

（1）飞机防治，应用3%高渗苯氧威乳油，按450～600毫升/公顷的剂量与水混合均匀喷雾；地面喷雾，兑水稀释2 500～4 000倍后混合均匀喷雾。

（2）防治松毛虫，3%高渗苯氧威乳油稀释4 000～6 000倍地面喷雾；飞机超低容量喷洒，用量为300～375克/公顷。

（3）防治杨小舟蛾、杨扇舟蛾，用3%高渗苯氧威乳油稀释3 000倍地面喷雾。

（4）防治春尺蠖，3%高渗苯氧威乳油稀释2 000～5 000倍，用高压机动喷雾机喷雾。

注意事项

（1）喷施药液后 24 小时内若有明显降水，应对降水区域进行补喷，补喷的用量根据实际降水量而定，一般应不少于原用量的 50%。

（2）对蚕、蜂有毒。

（3）不可与碱性农药混用。

27. 氟啶脲

性质特点　该药的作用机理是抑制几丁质合成，阻碍昆虫正常蜕皮，使卵孵化、幼虫蜕皮以及蛹发育畸形，成虫羽化受阻。药效高，作用速度较慢，一般在施药后 5 ~ 7 天才能充分发挥药效。

主要剂型　5% 氟啶脲乳油。

防治对象　对多种鳞翅目、直翅目、鞘翅目、膜翅目以及双翅目害虫活性高，但对蚜虫、叶蝉、飞虱无效。

使用方法及剂量　在鳞翅目害虫低龄幼虫期喷药，钻蛀性害虫宜在产卵高峰盛期用 5% 氟啶脲乳油稀释 1 000 ~ 2 000 倍，均匀喷雾。

注意事项

（1）本剂是阻碍幼虫蜕皮致使其死亡的药剂，从施药至害虫死亡需 5 ~ 7 天，使用时需在低龄幼虫期进行。

（2）无内吸传导作用，施药必须均匀。

（3）本品对蜜蜂、鱼类等水生生物、家蚕有毒，施药期间应避免对周围蜂群的影响，蜜源作物花期、蚕室和桑园附近禁用。应远离水产养殖区施药，禁止在河塘等水体中清洗施药器具。

（4）远离孕妇和哺乳期妇女。

28. 吡虫啉

性质特点　广谱、高效、低毒，强内吸性，对环境影响小。

主要剂型　2. 5% 吡虫啉可湿性粉剂、10% 吡虫啉可湿性粉剂、15%吡虫啉可湿性粉剂，5%吡虫啉乳油、10%吡虫啉乳油、20%吡虫啉乳油，20%吡虫啉可溶性液剂，70%吡虫啉可分散粒剂。

防治对象　主要用于防治蛀干害虫、食叶害虫及刺吸式口器害虫等，如天牛类、杨舟蛾、春尺蠖、杨白毛蚜、榕管蓟马、桃蚜、美洲斑潜蝇、各种烟粉虱、月季长管蚜、紫薇长斑蚜、棉蚜、花蓟马、春藤盾蚧和月季新刺轮盾蚧等。

使用方法及剂量

（1）防治蛀干害虫，5%吡虫啉乳油2 000～3 000倍液喷雾；0.3～0.5毫升/厘米胸径或稀释3倍液按1毫升/厘米胸径打孔注药；10%吡虫啉可湿性粉剂3 000倍液喷雾；20%吡虫啉可溶性液剂4 000～5 000倍液喷雾。

（2）防治杨扇舟蛾，5%吡虫啉乳油10倍液按0.7毫升/厘米胸径树干打孔注射；防治春尺蠖，6%吡虫啉乳油10倍液按0.5毫升/厘米胸径树干打孔注射。

（3）防治绿化树种的蚜虫，如桃蚜、夹竹桃蚜、柏大蚜、栾多态毛蚜、月季长管蚜等，用10%吡虫啉可湿性粉剂1 000～1 500倍液喷雾。

（4）防治广翅蜡蝉，主要有山东广翅蜡蝉和柿广翅蜡蝉，若虫期用10%吡虫啉乳油1 000～1 500倍液喷雾，由于该虫虫体被有蜡粉，所用药剂中混用含油量0.3%～0.4%的柴油乳剂或黏土柴油乳剂，可显著提高防效。

（5）防治绣线菊蚜、苹果瘤蚜、桃蚜、橘蚜、梨木虱和卷叶蛾等害虫，10%可湿性粉剂4 000～8 000倍液或5%乳油2 000～3 000倍液喷雾，不可与碱性农药混用，采果前15～20天停用。

（6）防治杜鹃冠网蝽，在杜鹃冠网蝽成虫、若虫期，用10%吡虫啉2 000倍液加0.3%高渗阿维菌素乳油1 500～2 000倍液、4.5%高效氯氰菊酯乳油2 000倍液喷雾，着重喷叶子背面，先喷地块四周，以防成虫逃逸，提高防治效果。

混配（复配剂）及应用　能和多种农药或肥料混用。可与敌敌畏、丁硫克百威、阿维菌素、毒死蜱、高效氯氰菊酯等混配或复配，提高药效。如应用14%吡虫啉·敌敌畏树干注射防治光肩星天牛，用药量为1毫升/厘米胸径；3.15%阿维菌素·吡虫啉乳油2 000～4 000倍液树冠喷雾防治柑橘蚜虫。

注意事项

（1）该药对天敌毒性低。

（2）对鱼、鸟有毒，使用过程中不可污染养蜂、养蚕场所及相关水源。

（3）不能用于防治线虫和螨。

29. 啶虫脒

性质特点　该药是一种新型杀虫剂，有较强的触杀和渗透作用，残效期长，苹果、柑橘的蚜虫有较好的防治效果。由于作用机制独特，能防治有抗药性的蚜虫。

主要剂型　3%啶虫脒乳油、5%啶虫脒乳油，1.8%啶虫脒高渗乳油、2%啶虫脒高渗乳油，3%啶虫脒可湿性粉剂、5%啶虫脒可湿性粉剂、20%啶虫脒可湿性粉剂，3%啶虫脒微乳剂。

防治对象　各种刺吸式口器害虫，如蚜虫、木虱、介壳虫等。

使用方法及剂量

（1）防治苗木蚜虫，在蚜虫发生初、盛期，3%啶虫脒乳油2 000～2 500倍液喷雾，杀蚜速效性好，耐雨水冲刷，持效期达20天以上，且正常使用剂量下无药害。

（2）防治白粉虱、烟粉虱、蓟马，3%啶虫脒乳油1 000～1 500倍液喷雾。

（3）防治柑橘、苹果等果树蚜虫、叶蝉、粉虱、木虱、潜叶蛾等，可在初盛发期喷洒3%啶虫脒乳油2 000～2 500倍液。不可与碱性农药混用。

混配（复配剂）及应用　可与丁硫克百威、高效氯氰菊酯、甲维盐等混配或复配，如应用8%丁硫克百威·啶虫脒乳油33～39毫克/千克（有效成分含量），于叶正反面均匀喷雾防治柑橘蚜虫。

注意事项

（1）本品为低毒杀虫剂，但对人、畜有毒，应加以注意。

（2）使用本品时，应避免直接接触药液，佩戴相应的防护用品。

（3）残液严禁倒入河中，切勿误服，万一误服，请立即催吐并送医院对症治疗。

30. 溴虫腈

性质特点　溴虫腈施用后害虫活动变弱，出现斑点，颜色发生变化，活动停止，昏迷、瘫软，最终导致死亡。对多种害虫具有胃毒和触杀作用，对林木安全。

主要剂型　5%溴虫腈悬浮剂、10%溴虫腈悬浮剂。

防治对象　对鳞翅目害虫高效，对钻蛀性害虫、刺吸和咀嚼式口器害虫及害螨的防效好。

使用方法及剂量

（1）防治鳞翅目害虫，用10%溴虫腈悬浮剂稀释1 000～1 500倍，低龄幼虫期或虫口密度较低时，均匀喷雾。

（2）防治各种螨及螨卵，用10%溴虫腈悬浮剂稀释1 500倍，均匀喷雾，持效期可达40多天。

混配（复配剂）及应用　可与辛硫磷等混配（或复配）提高防效。如应用24%辛硫磷·溴虫腈乳油（21%辛硫磷+3%溴虫腈），750倍液防治桑园鳞翅目害虫桑螟、桑尺蠖等，在低龄幼虫时喷雾。

注意事项

（1）应与其他不同作用方式的农药轮用。

（2）同一林地每年使用该药不超过2次，不宜与其他杀虫剂混用。

（3）不要使用低于推荐剂量的药量。

（4）本品对人、畜有害，使用过的器皿须用水清洗三次后埋掉，不要污染水源。

31. 毒死蜱

性质特点　该药又名乐斯本，具有触杀、胃毒和熏蒸作用，在叶片上残留期不长，但在土壤中残留期较长，对地下害虫防治效果较好，对烟草有药害。

主要剂型　20%毒死蜱微乳剂、30%毒死蜱水乳剂、40%毒死蜱乳油、48%毒死蜱乳油。

防治对象　主要防治咀嚼式和刺吸式口器害虫，如鳞翅目、鞘翅目幼虫、蚜虫、粉虱、红蜘蛛等，也可用于防治卫生害虫如跳蚤、蟑螂。

使用方法及剂量

（1）在尺蠖、袋蛾、毒蛾等2～3龄期；松毛虫、舟蛾、潜夜蛾卵孵化盛期；桃小食心虫初龄幼虫蛀果前用40%毒死蜱乳油1 000～1 500倍液喷雾。

（2）防治山楂红蜘蛛、苹果红蜘蛛，在红蜘蛛幼、若螨盛发期用40%毒死蜱乳油800～1 000倍液喷雾。

（3）茶树害虫的防治，茶尺蠖、茶细蛾、茶毛虫、丽绿刺蛾、茶叶瘿螨、茶橙瘿螨、茶短须螨用40%毒死蜱乳油800倍液喷雾。

（4）防治蛴螬、蝼蛄、金针虫、地老虎等地下害虫，用48%毒死蜱乳油37.5～50毫升，加水50升，喷湿土表；也可在金龟子卵孵化盛期，用48%毒死蜱乳油1 500倍液浇灌植物根部；或用40%毒死蜱乳油150毫升，拌干、细土15～20千克埋施，持效期可达3～4个月。

混配（或复配剂）及应用　可与甲维盐、高效氯氰菊酯、阿维菌素、吡虫啉、噻嗪酮等混配（或复配），提高防效。如应用22%毒死蜱·吡虫啉乳油，1 500～2 000倍液喷施防治苹果棉蚜。

注意事项

（1）对皮肤、眼睛有刺激性，对鱼类及其他水生动物毒性较高。

（2）对蜜蜂有毒，为保护蜜蜂，应避开作物开花期使用。

（3）不能与碱性农药混用。

32. 辛硫磷

性质特点　辛硫磷为高效、低毒有机磷杀虫剂，以触杀和胃毒为主，无内吸作用，杀虫谱广，击倒力强，对鳞翅目幼虫有效。在林间使用，因对光不稳定，很快分解失效，所以残效期很短，残留危险性极小，叶面喷雾一般残效期2～3天。但该药施入土中，其残效期很长，可达1～2个月。

主要剂型　40%辛硫磷乳油、50%辛硫磷乳油。

防治对象　用于林木、果树、桑、茶、作物、蔬菜等，对鳞翅目幼虫都有效，特别是防治地下害虫如蛴螬、蝼蛄有良好的效果，对虫卵也有一定的杀伤作用，也可用于防治仓库和卫生害虫。

使用方法及剂量

（1）用50%辛硫磷乳油1 000～2 000倍液喷雾防蚜虫，也可防小卷叶蛾、梨星毛虫、小灰蝉、松毛虫、尺蠖等。

（2）对地老虎、蛴螬、蝼蛄类地下害虫，可在其发生期用2 000倍液早晚土表喷洒，或用40%辛硫磷乳油400～600倍液打孔灌注。

混配（或复配剂）及应用　可与氟铃脲、吡虫啉、氯氰菊酯等混配（或复配），提高防效。如应用4.5%氯氰菊酯乳油与40%辛硫磷乳油2∶1混配，防治枣步曲。

注意事项

（1）该药在光照条件下易分解，最好在傍晚和夜间施用，拌闷过的种子也要避光晾干，贮存时放在暗处。

（2）药液要随配随用，不能与碱性药剂混用。

（3）该药在应用浓度范围内，对蚜虫的天敌七星瓢虫的卵、幼虫和成虫均有强烈的杀伤作用，用药时应注意。

33. 氯氰菊酯、高效氯氰菊酯

性质特点　此药具有触杀和胃毒作用，杀虫谱广、药效迅速、残效期长。对某些害虫的卵具有杀伤作用，可防治对有机磷产生抗药性的害虫，但对螨类和盲蝽防效差，正确使用时对作物安全。

主要剂型　5%氯氰菊酯乳油、10%氯氰菊酯乳油，8%氯氰菊酯微囊悬浮剂（绿色威雷）；3%高效氯氰菊酯微囊悬浮剂、4.5%高效氯氰菊酯乳油、5%高效氯氰菊酯悬浮剂。

防治对象　对鳞翅目害虫效果好，对同翅目、半翅目等害虫也有较好防效。可防治天牛、松毛虫、杨干象、桃小食心虫、柑橘潜叶蛾、茶尺蠖、棉铃虫、红铃虫、蚜虫、菜青虫、小菜蛾、烟青虫等多种植物害虫及卫生害虫。

使用方法及剂量

（1）防治松褐天牛、星天牛、黄斑星天牛、桑天牛、云斑天牛、桃红颈天牛、双条杉天牛等多种天牛以及其他鞘翅目昆虫成虫，8%氯氰菊酯微囊悬浮剂常规喷雾300～400倍液；超低量喷雾100～150倍液；飞机防治，施药量约为750～1 200毫升/公顷。或3%高效氯氰菊酯微囊悬浮剂2 000～4 000倍液常量喷雾。

防治时间：以当年第一批天牛羽化出孔时喷药为最佳时机，若防治一年发生2代的天牛类害虫需在两次羽化高峰期来临前各施药一次。

喷药位置：主要将稀释后的药液喷洒在地面以上树干、大枝和其他天牛成虫喜出没之处，以树皮微湿为宜。

（2）防治松毛虫3%高效氯氰菊酯微囊悬浮剂600～800倍液，在越冬幼虫上树前几天林地地面和1米以下树干喷雾；飞机超低量喷雾防治松毛虫，3%高效氯氰菊酯微囊悬浮剂100～150倍液；3%高效氯氰菊酯微囊悬浮剂2 000倍液喷雾防治舞毒蛾、春尺蠖。

（3）防治苹果、柑橘、茶树等害虫，3%高效氯氰菊酯微囊悬浮剂2 000～3 000倍液喷雾。

（4）可用4.5%高效氯氰菊酯乳油灌巢触杀防治红火蚁，每巢灌10升4.5%高效氯氰菊酯乳油稀释液（25毫克/升），可和毒饵配合使用。由于其会造成水体污染，在水体环境附近需谨慎使用。

混配（复配剂）及应用　高效氯氰菊酯可与甲维盐、Bt、灭幼脲Ⅲ号等混配（或复配），提高药效。如应用Bt可湿性粉剂16 000国际单位/毫克可湿性粉剂1.5千克/公顷+4.5%高效氯氰菊酯乳油60克/公顷或25%灭幼脲Ⅲ号3.75千克/公顷+4.5%高效氯氰菊酯乳油60克/公顷飞机超低量喷雾防治春尺蠖。

注意事项

（1）用药量及施药次数不应随意增加，注意与非菊酯类农药交替使用。

（2）不应与碱性物质如波尔多液等混用。

（3）对水生动物、蜜蜂、蚕极毒，因而在使用中必须注意不可污染水域及饲养蜂蚕场地。

（4）绿色威雷忌阴雨天喷雾，若施加6小时内遇雨，药效会大大降低。

（5）施药时注意安全防护。

34. 高效氯氟氰菊酯

性质特点　这是一种合成的拟除虫菊酯类杀虫剂，具有触杀和胃毒作用，杀虫谱广，击倒迅速，持效期长，无内吸作用和渗透性。植物对它有良好的耐药性，对作物安全。

主要剂型 2.5%高效氯氟氰菊酯微囊悬浮剂（绿色威雷Ⅱ号）、2.5%高效氯氟氰菊酯乳油。

防治对象 用于林木、果树及农作物，可防治半翅目、鞘翅目、鳞翅目、缨翅目和直翅目、双翅目等多种害虫。如松毛虫、舞毒蛾、茶毛虫、尺蠖、桃小食心虫、柑橘潜叶蛾、椿象、茶尺蠖、烟青虫、甜菜夜蛾、斜纹夜蛾、红铃虫、瓜蚜、菜青虫、菜蚜虫、小菜蛾、棉铃虫等均有显著防效。

使用方法及剂量

（1）防治舟蛾、尺蠖、夜蛾、钩蛾、刺蛾等，2.5%高效氯氟氰菊酯乳油1 000～2 000倍液于低龄幼虫期喷雾。

（2）防治柑橘潜叶蛾，在新梢初放期或潜叶蛾产卵盛期，2.5%高效氯氟氰菊酯微囊悬浮剂稀释4 000～8 000倍，用量600～1 125毫升/公顷，并兼治卷叶蛾。

（3）防治桃小食心虫，在发生期，2.5%高效氯氟氰菊酯微囊悬浮剂稀释3 000～4 000倍，用量450～900毫升/公顷，并兼治蚜虫。

（4）防治松毛虫、毒蛾、叶蜂、美国白蛾、天牛等，2.5%高效氯氟氰菊酯微囊悬浮剂2 000～4 000倍液喷雾，飞机防治150～300克/公顷。

注意事项

（1）长期储存有分层现象，使用时只需振摇数次使药液充分混合均匀即可开瓶兑水使用。

（2）不能与碱性物质混用，以免分解失效。

（3）不能在桑园、鱼塘、河流、养蜂场使用，避免污染发生中毒。

35. 溴氰菊酯

性质特点 该药又称敌杀死，具有触杀和胃毒作用，触杀作用迅速，击倒力强，没有熏蒸和内吸作用，持效期为 7 ~ 12 天。尤其对鳞翅目幼虫及蚜虫杀伤力大。

主要剂型　2.5% 溴氰菊酯乳油，2.5% 溴氰菊酯可湿性粉剂，5% 溴氰菊酯微胶囊剂。

防治对象　杀虫谱广，对鳞翅目、同翅目、缨翅目昆虫效果好，对鞘翅目昆虫因种类不同药效差别大，对螨类防效差。

使用方法及剂量

（1）防治松毛虫、美国白蛾、大袋蛾、落叶松鞘蛾、桃小食心虫等鳞翅目害虫，2.5% 溴氰菊酯乳油 2 000 ~ 2 500 倍液树冠喷雾。

（2）防治桑天牛、杨干象、杨梢叶甲、榆蓝叶甲等鞘翅目害虫，在成虫活动期，用 2.5% 溴氰菊酯乳油 1 000 ~ 2 000 倍液在寄主植物上喷施，视虫情防治 1 ~ 3 次。还可用 2.5% 溴氰菊酯乳油 350 毫升加 10 千克废机油混合制剂，用硬毛刷点涂蛀入孔和排粪孔，或在成虫始发期涂毒环阻隔法防治杨干象。

混配（或复配剂）及应用　可与白僵菌、苏云金杆菌（Bt）等混用，提高防效。可防治松毛虫、刚竹毒蛾、叶蜂等。如应用含孢量 215.4 亿的白僵菌粉 +0.05% 溴氰菊脂粉（4∶1）加工成菌药混合粉炮，平均每公顷用粉炮 30 个，防治刚竹毒蛾；用 186.9 亿孢子/克白僵菌粉与 0.05% 溴氰菊脂粉按 4∶1 比例混合制成粉炮，每个粉炮净重 125 克，粉炮用量按 30 个/公顷防治马尾松毛虫；用 8 000 国际单位/微升 Bt 稀释 500 倍与 2.5% 溴氰菊酯乳油 20 000 倍液混合喷雾防治鞭角华扁叶蜂。

注意事项

（1）对人的皮肤及眼黏膜有刺激作用，对鱼类，水生生物高毒，对蜜蜂和蚕剧毒，不能在桑园、鱼塘、河流、养蜂场等处及其周围使用。

（2）不可与碱性物质混用，以免分解失效。为了提高药效，减少用量，延缓抗性的产生，可与马拉硫磷、双甲脒、乐果等非碱性物质随混随用。

（3）本品对螨、蚧效果不好，因此在虫、螨并发的作物上使用此药，要配合专用杀螨剂。

第三节 杀菌剂

1. 波尔多液

性质特点 波尔多液是硫酸铜和石灰乳配制而成的天蓝色胶状悬浮液，一般呈碱性，具有良好的展着性和粘合力，在植物表面可形成薄膜，不易被雨水冲刷，具有杀菌谱广、持效期长、病菌不会产生抗性、对人和畜低毒等特点，是应用历史最长的一种无机杀菌剂。

主要剂型 30%碱式硫酸铜悬浮剂、50%碱式硫酸铜可湿性粉剂、80%波尔多液可湿性粉剂。

防治对象 柑橘溃疡病、疮痂病、炭疽病、黑星病；苹果锈病、早期落叶病、炭疽病；梨锈病、黑星病、轮纹病；柿圆斑病、角斑病；枣锈病；葡萄霜霉病、黑痘病、褐斑病、房枯病等多种病害，但对白粉病效果差。

使用方法及剂量 配制波尔多液有等量式、半量式、倍量式等几种方法。等量式即硫酸铜与生石灰的用量比例相等，半量式即生石灰的用量是硫酸铜用量的一半，倍量式即生石灰的用量是硫酸铜的2倍。对易受硫酸铜药害的植物，如苹果、梨等，石灰用量要多一些；易受石灰药害的植物如葡萄等，石灰用量要少一些。配制时多采用两液法，用一半的水配制石灰乳，另一半的水配制硫酸铜液，然后将两者同时慢慢倒入第三个容器中，边倒边搅拌，即成天蓝色波尔多液。

（1）防治林木溃疡病、褐斑病等。清除病叶并集中销毁后，用100倍的波尔多液喷雾。

（2）防治苹果烂果病、轮纹病、炭疽病。在出现病果前10～15天喷倍量式或多量式波尔多液200倍液，每15～20天喷1次，连喷3～4次，采果前25天停用；防治苹果霉心病。在苹果显蕾期开始喷倍量式波尔多液200倍液；防治苹果、梨锈病。在苹果园果树及其周围的桧柏上，喷洒等量式波尔多液160倍液；防治苹果早期落叶病在苹果落花后开始喷倍量式波尔多液200～240倍液，半个月喷1次，并和其他杀菌剂交替使用，共喷3～4次。

（3）防治核桃黑斑病。在发病前，喷等量式波尔多液200倍液，以后每隔15～20天再喷1次。

（4）防治柑橘溃疡病。在开花前和落花后各喷1次倍量式250倍波尔多液；防治柑橘树脂病、疮痂病在春季萌芽前喷1次等量式波尔多液150倍。

（6）防治葡萄黑痘病、炭疽病、霜霉病，可喷少量式波尔多液160倍液，每12～15天喷1次，共喷2～4次；防治香蕉黑星病，在苞片未落的果穗上喷等量式200倍波尔多液后并对果穗进行套袋。

注意事项

（1）应按正确的方式配制波尔多液，一是不能先配成浓缩的波尔多液再加水稀释。二是不能将石灰乳倒入稀硫酸铜中。三是不能将浓硫酸铜倒入石灰水中。

（2）不能用金属容器盛放波尔多液，喷雾器用后，要及时清洗，以免腐蚀而损坏。

（3）波尔多液是一种以预防保护为主的杀菌剂，应在发病前或初期喷雾，喷药必须均匀细致。应现配现用，不能贮存。

（4）应选择晴天无露水的时间喷药，尽量避开阴湿天气，夏季避开中午强光。

（5）波尔多液配成后，将磨光的芽接刀放在药液里浸泡1～2分钟，取出刀后，如刀上有暗褐色铜离子，则需在药液中再加一些石灰水，否则易发生药害。

(6) 波尔多液不能与酸性肥料及石硫合剂、克螨特、多菌灵、托布津、代森锌、代森铵、代森锰锌、福美双、退菌特、氯氰菊酯等绝大多数农药及防落素、赤霉素、多效唑等植物生长调节剂混用。喷施过石硫合剂的林木，需隔20天到1个月以后，才能使用波尔多液，喷施波尔多液20~30天后才可喷施石硫合剂。

(7) 桃、李、杏、樱桃、山楂等对波尔多液非常敏感，勿在生长期使用；白菜对波尔多液极度敏感，任何时候都不能使用；茶树、葡萄、枸杞、茄科、葫芦科、黄瓜、西瓜等，宜选用石灰半量或少量式；苹果、梨、樱桃、蔬菜、小麦等则选用石灰倍量式或多量式；其他植物一般选石灰等量式；苹果在果实落花后1个半月和果实临近成熟时不宜喷施。

2. 石硫合剂

性质特点 这是一种高效、不产生抗药性、应用广泛的杀菌、杀螨、杀虫剂，由石灰、硫磺和水熬制而成的红褐色透明液体，呈碱性，对皮肤有较强的腐蚀性。

主要剂型 27.5%液剂、45%晶体、40%固体。

防治对象 常作为保护性杀菌剂，用在园林植物、果树上防治白粉病、锈病、叶斑病、黑斑病、黑星病、角斑病、褐斑病、炭疽病、叶枯病、疮痂病、细菌性穿孔病等多种病害和介壳虫、叶螨及越冬虫卵，对锈病、白粉病最有效。

使用方法及剂量 可自行熬制，也有晶体成品出售。配制时，以优质的生石灰:硫磺粉:水=1:1.5:13配比。先将石灰加水化开，加足量的水后加热煮沸，将硫磺粉加水调成糊状，慢慢倒入煮沸的石灰乳中，不断搅拌，并及时加水至所需的比例煮40~60分钟，待药液变成红褐色时即可停火，冷却后，过滤即成为石硫合剂原液，一般可达20~28波美度。

(1) 冬季休眠期和早春发芽前是喷施石硫合剂的最佳时机，应用3~5波美度石硫合剂，可防治苹果、桃、李、枣树等多种果树的多种病害；生长季节用0.3~0.5波美度石硫合剂，可防治苹果轮纹病、锈病，兼治山楂叶螨、苹果全爪螨等害螨，果实即将成熟时不宜使用。

（2）防治苹果树、林木腐烂病。用石硫合剂0.5千克、生石灰5千克、食盐0.5千克、动物油0.5千克、水40千克配制树木涂白剂，在休眠期涂刷树干。

（3）防治桑树白粉病。用45%结晶稀释300~600倍，在夏季喷施。

（4）防治苹果褐腐病。在开花前，用45%结晶稀释120~180倍喷雾；防治苹果白粉病。用45%结晶稀释300~345倍液，在开花之前至落花后10天喷雾；防治苹果腐烂病。用45%结晶稀释30倍，在休眠期喷施。

（5）防治柑橘溃疡病。用45%结晶稀释300~600倍，在8月下旬至10下旬喷施。

（6）防治李黑斑病、黑星病、锈病以及桃缩叶病、黑星病。用45%结晶稀释21~30倍喷雾。

（7）防治柿子黑星病、白粉病。用45%结晶稀释300倍，在4~5月喷施。

（8）用石硫合剂原液消毒刮治伤口，可防止腐烂病、溃疡病的发生。

注意事项

（1）使用浓度要根据植物种类、防治对象、气候条件、使用时期不同而定。树木休眠期（早春或冬季）喷施浓度一般掌握在3~5波美度，生长季节使用浓度为0.1~0.5波美度。

（2）该农药最好喷2次，一次在秋天落叶后，一次在开春后萌芽前（一般在芽开始萌动露白前喷）。夏季高温在32℃以上，早春低温在4℃以下，均不宜施用石硫合剂。

（3）该药呈碱性，不能与酸性农药、有机磷药剂、松脂合剂、油乳剂、铜制剂及各类化学肥料混用，也不能与忌碱性药剂、肥皂、波尔多液混用。喷过油乳剂或波尔多液后需30天才能施用；喷过石硫合剂后，10～15天之内不能喷酸性农药。

（4）桃、李、梅、梨、杏、葡萄等林木对石硫合剂敏感，应慎用。在李树上喷施，会抑制花芽分化，造成翌年减产；在苹果和桃树的花期，如果不是为了疏花、疏果，一般不宜喷施，以免造成减产；在苹果生长季中喷布石硫合剂，在浓度适宜的情况下，虽不易发生药害，但易在果面形成污斑；桃、李等在果实着色后施用，极易引起落果。

（5）石硫合剂应与其他药剂交替适应，忌长期连用，长期使用易产生抗药性。

（6）石硫合剂加水稀释倍数 = 原液波美度数/稀释波美度数 - 1。

（7）熬制时，应用瓦锅或生铁锅，使用铜锅或铝锅则会影响药效。配好后应立即使用，不耐贮存，如必须贮存时，应在容器内滴入几滴柴油，并密封容器口。

（8）对人的皮肤具有强烈的腐蚀性，应注意防护。施用石硫合剂后的喷雾器，必须充分洗涤，以免腐蚀、损坏部件。

3. 儿茶素

性质特点　该药为纯天然的中草药提取物，添加适当助剂加工制造而成，是新一代的植物源杀菌剂、无公害、广谱、高效、绿色，对环境友好，无刺激性，连续使用无药害、无抗药性，对病斑有恢复作用。对蜜蜂、家蚕、鱼、鸟均为低毒。

主要剂型　1.1%儿茶素可湿性粉剂。

防治对象　适用于林木、果树、蔬菜等多种农作物。可有效抑制由细菌、真菌以及病毒引起的霜霉病、叶霉病、黑星病、炭疽病、灰霉病、稻瘟病、小麦白粉病及各种作物的苗期猝倒病、立枯病等。

使用方法及剂量

（1）预防和发病初期可用1.1%儿茶素可湿性粉剂400～600

倍液喷施，病情严重的可用 200 倍液喷施。

（2）防治白粉病喷施植物叶片正面，其他病害喷施植物叶片背面。

（3）防治细菌性病害时全株喷洒。预防 7 ~ 10 天喷药 1 次，发病后第一次和第二次间隔 3 天喷药 1 次，第二次和第三次间隔 5 天喷药 1 次。同时与链霉素或可杀得配合使用，对细菌有特效。

（4）预防枯萎病、霜霉病和疫病，苗前 1.1% 儿茶素可湿性粉剂 25 克兑水 15 千克可喷施 10 平方米床土；出苗后使用 25 克兑水 15 千克，7 ~ 10 天喷施 1 次；治疗根腐病、立枯病、枯萎病，使用 25 克兑水 15 千克可灌 60 棵苗。

注意事项

（1）需在晴天施药，并控水 3 天。施药后 2 小时下雨应补喷。

（2）严禁与其他农药混用。

4. 四霉素

性质特点　该药又称梧宁霉素，为低毒生物杀菌剂，无致癌、致畸、致突变作用，不污染环境，未见药害，对人、畜、鸟、鱼等天敌安全。有效成分含量四霉素 1 500 单位/毫升。

防治对象　适用于各种林木、农作物，可防治杨树烂皮病、杨树溃疡病、果树腐烂病、果树斑点落叶病、苗木立枯病等病害，尤其对苹果树腐烂病、斑点落叶病等具有明显的预防和治疗作用，并能促进病疤、伤口、剪锯口组织愈合。

使用方法及剂量

（1）喷雾法。稀释 800 ~ 1 000 倍均匀喷雾。

（2）涂抹法。稀释 10 ~ 50 倍，刮去病皮后涂抹。

（3）防治果树腐烂病。刮除病组织，用 5 ~ 20 倍液涂抹。

（4）防治桃树流胶病。可用 50 ~ 60 倍液涂抹或 200 倍喷液枝干。

（5）防治苹果斑点落叶病。稀释 600 ~ 1 000 倍喷雾，在发病前或发病初期用药，连续喷施2~3次，间隔7天。

(6) 防治葡萄白腐病。可用600~800倍液喷雾。

注意事项

(1) 不能与碱性农药混用，施药应均匀，施药后4小时内遇雨应补施。

(2) 贮藏于阴凉、干燥、通风处。

5. 混合脂肪酸

性质特点 该药为无毒、无公害、环保杀菌剂，具有诱导植物抗病和刺激植物生长的双重作用，具有强烈的杀真菌、细菌、病毒的能力。用于苹果、梨、枣、桃、杏、葡萄、杧果、石榴等果树及绿化树种上的各种疑难病害。

主要剂型 10%水剂。

防治对象 可防治林木及农作物的炭疽病、轮纹病、红点病、疮痂病、叶斑病、叶腐病、黑星病、霜霉病、白腐病、黑痘病、流胶病、溃疡病、煤烟病、穿孔病等。

使用方法及剂量 用10%水剂1 000~1 500倍液，全株喷雾。

注意事项

(1) 使用前应将制剂充分摇匀后再加水稀释。

(2) 喷药后24小时内遇雨补施。

(3) 保存于阴凉干燥处。

(4) 低温凝固时须将其放入温水中，待溶化后再兑水稀释。

6. 多抗霉素

性质特点 此药为广谱性抗生素类，具有较好的内吸传导作用，对动物无毒性，对植物无药害。低残留，是出口农产品的首选杀菌剂。

主要剂型 3%多抗霉素水剂，10%多抗霉素乳油，1.5%多抗霉素可湿性粉剂、2%多抗霉素可湿性粉剂、3%多抗霉素可湿性粉剂、10%多抗霉素可湿性粉剂。

防治对象 主要防治常绿树种的白粉病和灰霉病；苹果斑点落叶病、霉心病、褐腐病；梨和苹果灰霉病、轮纹病；梨黑星病；葡萄黑痘病、灰霉病、白粉病等。

使用方法及剂量

（1）防治苹果斑点落叶病。用 10% 多抗霉素可湿性粉剂 1 000 ~ 2 000 倍液，在春梢生长初期喷药，每隔 1 周喷 1 次，与波尔多液交替使用，效果更好。

（2）防治苹果霉心病。苹果现蕾期至落花后，用 10% 多抗霉素可湿性粉剂 1 000 ~ 2 000 倍液，连喷 2 次。喷施时间以早上露水干后或傍晚为好，要尽量避免在干热的条件下使用。

（3）防治灰霉病。在发病前或发病初期，用 10% 多抗霉素可湿性粉剂 1 500 ~ 2 250 克/公顷，兑水 750 ~ 1 095 千克喷雾，施药间隔期 7 天，共喷 3 ~ 4 次；

（4）防治枯萎病。用 10% 多抗霉素可湿性粉剂 60 倍液浸种 2 ~ 4 小时后播种，移栽时用 10% 多抗霉素可湿性粉剂 80 ~ 120 倍液蘸根或灌根，对枯萎病效果好。

注意事项

（1）不能与碱性或酸性农药混用。

（2）密封保存，以防潮结失效。

（3）虽属低毒药剂，使用时仍应按安全规则操作。

7. 乙蒜素

性质特点 该药是一种广谱性杀菌剂，对植物生长具有刺激作用，经其处理过的种子出苗快，幼苗生长健壮。是复配杀菌剂农药的首选原料。

主要剂型 30% 乙蒜素乳油、41% 乙蒜素乳油、80% 乙蒜素乳油。

防治对象 可防治杨树炭疽病及苹果腐烂病、银叶病、梨树轮纹病、柑橘病害及用于种子防霉，松树立枯病、根腐病、柏树根腐病、白绢病。

使用方法及剂量

(1) 防治林木枝干部的腐烂病、轮纹病、溃疡病、流胶病。在初春切开树皮，用 80% 乳油 60 ~ 200 倍液和白乳胶混合涂抹，一般 5 ~ 7 天愈合。

(2) 防治乔木叶斑病、黑斑病等。用 80% 乙蒜素乳油1 000 ~ 2 500倍液喷雾。

(3) 防治苗期立枯病、根腐病。用 80% 乙蒜素乳油 4 000 倍药液浸种或树苗基部 10 分钟，效果较好。

注意事项

(1) 不能与碱性农药混用。

(2) 经处理过的种子不能食用或作饲料，棉籽不能用于榨油。浸过药液的种子不得与草木灰一起播种，以免影响药效。

8. 枯草芽孢杆菌

性质特点 枯草芽孢杆菌是一种安全、高效，无残留，无毒副作用的生物产品，可以用作饲料添加剂和净化水质。具有广谱抗菌活性和极强的抗逆能力，对很多真菌具有拮抗作用。

主要剂型 1 000 亿活芽孢/克原药，200 亿活芽孢/克可湿性粉剂，80 亿活芽孢/克水剂。

防治对象 防治白粉病、灰霉病、早疫病、晚疫病、叶霉病和纹枯病等真菌病害。

使用方法及剂量

(1) 防治白粉病、灰霉病等病害。在发病初期，枯草芽孢杆菌 120 ~ 150 克/公顷兑水均匀喷雾，视病害发生情况隔 7 ~ 10 天再喷雾 1 ~ 2 次。

(2) 200 亿活芽孢/克可湿性粉剂稀释 5 000 ~ 6 000 倍，每株 50 毫升药液于发病初期开始灌根，15 ~ 20 天灌 1 次，共灌 2 ~ 3 次。根据作物和发病程度而定，通常 1 个生长期 4 ~ 6 次，每隔

5~7天施药1次。

注意事项

(1) 宜密封避光，在低温（15℃左右）条件贮藏。

(2) 在分装或使用前充分摇匀。

(3) 包衣用种子，需经加工精选达到国家等级良种标准，且含水量宜低于国标1.5百分点左右。

(4) 不能与含铜物质或链霉素等杀菌剂混用。

(5) 若黏度过大，包衣时可适量冲水稀释，但包衣后种子贮存含水量不能超过国标。

(6) 本产品保质期1年，包衣后种子可贮存一个播种季节。若发生种子积压，可经浸泡冲洗后转作饲料。

9. 百菌清

性质特点　该药是一种广谱、低毒、保护性杀菌剂。没有内吸传导作用，对多种植物真菌病害具有预防作用，在植物表面有良好的黏着性，不易被雨水冲刷，药效期较长，一般7~10天。

主要剂型　2.5%百菌清烟剂、10%百菌清烟剂、30%百菌清烟剂、45%百菌清烟剂，5%百菌清颗粒剂、25%百菌清颗粒剂，5%百菌清粉剂，50%百菌清可湿性粉剂、75%百菌清可湿性粉剂，10%百菌清油剂、40%百菌清悬浮剂。

防治对象　落叶病、落针病、锈病、炭疽病、白粉病、枯梢病、叶斑病、黑斑病、霜霉病等。

使用方法及剂量

(1) 防治枣、苹果等多种果树病害，如腐烂病、霜霉病、炭疽病、褐斑病和白粉病等。从发病初期时开始，至8月中旬，每10~15天喷1次75%百菌清可湿性粉剂600~800倍液。或40%百菌清悬浮剂1 500~1 800倍液于果树开花前和生长期喷雾。

(2) 防治葡萄霜霉病、白粉病等其他果树病害。可于发病初期喷洒75%百菌清可湿性粉剂700~800倍液，每7~10天1次，连续喷 2 ~3 次。

（3）防治橡胶树炭疽病。在发病前或初期，使用 10% 百菌清油剂，不需稀释，直接用喷烟机喷烟，用量为 1 500 ~2 250 克/公顷。

（4）防治桃褐腐病、疮痂病。在孕蕾阶段和落花时，用 75% 百菌清可湿性粉剂 800 ~ 1 200 倍液各喷雾 1 次，以后按病情而定，一般每隔 14 天喷 1 次。

（5）防治桃穿孔病。在落花时间用 75% 百菌清可湿性粉剂 650 倍液喷 1 次，以后每隔 14 天喷 1 次。

（6）防治柑橘疮痂病、沙皮病。在花瓣脱落时，用 75% 百菌清可湿性粉剂 900 ~1 200 倍液喷雾，以后每隔 14 天喷晒 1 次，一般最多喷 3 次。

（7）防治林木早期落叶病、褐斑病、枯梢病，于发病前或初期用 40% 百菌清悬浮剂 1 000 ~1 500 倍液喷雾。

（8）对郁闭度较好、面积较大的成片林地，可用 10% 百菌清烟剂放烟，用量 7. 5 ~15 千克/公顷，最好在孢子萌发期进行。

注意事项

（1）油剂不能用水稀释，也不能用于常规喷雾。

（2）油剂为有毒易燃品，贮运时严禁烟火，勿置于室外曝晒，应在阴凉室内存放。

（3）该药对少数人的皮肤和眼睛有刺激作用，喷药时要注意保护。

（4）使用时注意不能与石硫合剂等碱性农药混用。

（5）对鱼毒性大。

10. 敌磺钠

性质特点　敌磺钠又名敌克松，是一种具有一定内吸、渗透作用的种子和土壤处理剂，对由腐霉菌属及丝囊菌属引起的病害有特效。药剂的水溶液遇光、热和碱易分解。对鱼类毒性中等。

主要剂型　75% 敌磺钠可溶性粉剂、95% 敌磺钠可溶性粉剂、

5%敌磺钠颗粒剂、55%敌磺钠膏剂、2.5%敌磺钠粉剂。

防治对象　应用于林木、园林植物、花卉、粮食作物、蔬菜等，主要防治立枯病、根腐病、枯萎病、猝倒病、茎腐病、黑茎病等。

使用方法及剂量

（1）防治苗期立枯病、猝倒病。可用2.5%粉剂160克兑20倍细土，配成药土均匀撒施。

（2）防治松杉苗木立枯病、根腐病。每千克种子用70%敌磺钠可溶性粉剂200～500克拌种。

（3）防治松杉苗木立枯病、猝倒病、根腐病、枯萎病。还可用70%敌磺钠可溶性粉剂3 750～7 500克/公顷泼浇或喷雾。

（4）防治林木、园林植物根腐病、根朽病、枯萎病。用70%敌磺钠可溶性粉剂4 500～7 500克/公顷泼浇或喷雾。

注意事项

（1）能与碱性及抗生素类农药混用。

（2）使用时溶解较慢，可先加少量水搅拌均匀后，再加水稀释溶解。最好是现配现用，并适宜在阴天或傍晚施药。

（3）放在避光、阴凉、通风、干燥处。一般不宜在温室使用。土壤中含有机质多或黏重的应适当提高药量。另外，土壤施药后覆土。

（4）使用时不可以饮食、吸烟，药品可通过口腔、皮肤、呼吸道中毒，出现昏迷、抽搐、萎靡症状，中毒后立即用碱性药液洗胃。

11. 多菌灵

性质特点　高效、低毒，内吸性杀菌剂，对许多子囊菌和半知菌有效，对卵菌和细菌引起的病害无效，具有保护和治疗作用。对人、畜、鱼类低毒，可用于水果的保鲜。

主要剂型　25%多菌灵可湿性粉剂、50%多菌灵可湿性粉剂、40%多菌灵悬浮剂。

防治对象　对由真菌（如半知菌、多子囊菌）引起的病害有防治效果。

使用方法及剂量

（1）防治杨、柳、榆、刺槐、核桃、桑树等溃疡病、叶斑病、轮纹病等病害，以秋防为主，与春、秋防治相结合，用50%多菌灵可湿性粉剂200倍液喷雾。

（2）防治枣树黑斑病、褐斑病、炭疽病等。枣树落花后发现病芽梢时，经人工仔细清除病芽梢后，开始喷洒50%多菌灵可湿性粉剂600～800倍液，以后视降雨情况，隔10～15天后喷1次。

注意事项

（1）与杀虫剂、杀螨剂混用时，要随混随用，不能与碱性农药混用。

（2）做土壤处理时，有时会被土壤微生物分解，降低药效。

（3）为延缓病菌抗药性，应与其他杀菌剂交替使用。

12. 甲基托布津

性质特点　又称甲基硫菌灵，是一种广谱性、内吸、低毒类杀菌剂，具有预防和治疗作用。能有效防治多种作物的病害，对叶螨和病原线虫有抑制作用。主要用于叶面喷雾，也可用于土壤处理。残效期为5～7天。对蜜蜂低毒，对鸟类毒性低。

主要剂型　50%甲基托布津可湿性粉剂、70%甲基托布津可湿性粉剂，40%甲基托布津胶悬剂、50%甲基托布津胶悬剂，36%甲基托布津悬浮剂。

防治对象　褐斑病、白粉病、锈病、炭疽病、灰霉病、黑斑病等多种真菌病害。

使用方法及剂量

（1）防治褐斑病、炭疽病、灰霉病、桃褐腐病等，可用50%甲基托布津可湿性粉剂600～800倍液喷雾。

（2）防治泡桐黑痘病、煤污病、腐烂病、丛枝病，可用50%甲基托布津可湿性粉剂300～400毫克/千克的药液喷雾。

（3）防治杨树锈病可用50%甲基托布津可湿性粉剂400～600倍液喷雾。

（4）防治油松烂皮病、松枯梢病、核桃黑斑病、梨黑星病等，用70%甲基托布津可湿性粉剂1 000～1 500倍液喷雾。

（5）苹果轮纹病、炭疽病可用50%甲基托布津可湿性粉剂400～600倍液喷雾，每隔10天喷1次。

（6）柑橘贮藏中的青霉、绿霉病，在柑橘采摘后立即用40%甲基托布津胶悬剂400～600倍液，浸果实2～3分钟，捞出晾干装筐。

（7）葡萄褐斑病、炭疽病、灰霉病、桃褐腐病等，可用50%甲基托布津可湿性粉剂600～800倍液喷雾。

（8）对大丽花花腐病、月季褐斑病、海棠灰斑病、君子兰叶斑病都有一定防效。一般在发病初期，用50%甲基托布津可湿性粉剂1 245～1 875克/公顷，兑水常规喷雾，共喷3～5次。

注意事项

（1）可与多种杀菌剂、杀螨剂、杀虫剂混用，但要现混现用。不能与铜制剂、碱性药剂混用。

（2）多菌灵、苯菌灵和甲基托布津不得轮换使用，它们之间有交互抗性。

13. 三唑酮

性质特点　又称粉锈宁，是一种高效、低毒、低残留、持效期长、内吸性强的杀菌剂。对锈病和白粉病具有预防、铲除、治疗、熏蒸等作用。可与许多杀菌剂、除草剂混用，对鱼类及鸟类较安全，对蜜蜂和天敌无害。

主要剂型　15%三唑酮可湿性粉剂、25%三唑酮可湿性粉剂，10%三唑酮乳油、20%三唑酮乳油。

防治对象　对锈病、白粉病和黑穗病有特效。

使用方法及剂量

（1）防治杨树白粉病，用15%三唑酮可湿性粉剂1 000～

1 200倍液或20%三唑酮乳油1 500～2 000倍液稀释喷雾，于开花前喷施。

（2）防治杨树锈病，用20%三唑酮乳油稀释1 000～1 500倍液或1 500～2 000倍液，于发病初施药，果树上连喷2～3次。

（3）防治桑树等白粉病，用20%三唑酮乳油1 500～2 000倍液喷雾。

（4）防治桑树赤锈病，25%三唑酮可湿性粉剂80～100克兑水50千克喷洒枝条或上部嫩芽。

注意事项

（1）要按规定用药量使用，否则植物易受药害。

（2）拌种可能使种子延迟1～2天出苗，但不影响出苗率及后期生长。

（3）不能与强碱性药剂混用。可与酸性和微碱性药剂混用，以扩大防治效果。

14. 代森锌

性质特点　代森锌是一种叶面喷洒使用的保护性杀菌剂，对许多病菌如霜霉病、晚疫病、炭疽病等有较强触杀作用，对植物安全。

主要剂型　60%代森锌可湿性粉剂、65%代森锌可湿性粉剂、80%代森锌可湿性粉剂。

防治对象　防治林木上多种真菌引起的病害，如果霜霉病、轮纹病、立枯病、褐斑病、锈病、花腐病、早期落叶病、炭疽病、黑星病、叶穿孔病、霜霉病等。

使用方法及剂量

（1）防治黑斑病、锈病可用65%代森锌可湿性粉剂500～600倍液，均匀喷雾。

（2）防治角斑病，65%代森锌可湿性粉剂500～600倍液，连续喷2～3次。

（3）防治黑星病，每隔10～15天喷1次，连续喷2～3次。

（4）防治细菌性穿孔病，80%代森锌可湿性粉剂800倍液，连用3~4次，效果好。

注意事项

（1）应在病害发生初期使用才能有效。

（2）不能与铜制剂或碱性农药混用。葫芦科植物对锌敏感，用药时要严格掌握浓度，不能过大。

（3）在日光照射及吸收空气中的水分后分解较快，其残效期约7天。

（4）应存放在干燥、阴凉的地方，防止受潮。

15. 代森锰锌

性质特点 代森锰锌为保护性杀菌剂，属低毒农药。对林木上的炭疽病、早疫病等多种病害有效，常与其他内吸性杀菌剂混配，用于延缓抗性的产生。对多菌灵产生抗性的病害，改用代森锰锌可收到良好的防治效果。

主要剂型 50%代森锰锌可湿性粉剂、70%代森锰锌可湿性粉剂、80%代森锰锌可湿性粉剂、85%代森锰锌可湿性粉剂，30%代森锰锌悬浮剂、42%代森锰锌悬浮剂、75%代森锰锌悬浮剂。

防治对象 防治黑星病、疮痂病、溃疡病、斑点落叶病、霜霉病、锈病等效果显著。

使用方法及剂量

（1）防治杨树溃疡病、腐烂病、烂皮病，可用85%代森锰锌可湿性粉剂250倍液喷洒。雨季喷药时，药水中应加入0.3%明胶（或豆粉汁、豆浆），防止被水冲洗掉。

（2）真菌性叶斑病，发病时，林木叶片上常出现角斑、圆斑、轮斑、黑斑、褐斑、灰斑等小的坏死斑点，有时形成穿孔。发病前或发病初期可选用85%代森锰锌可湿性粉剂500~1 000倍液喷雾。

（3）防治梨黑星病，用70%代森锰锌可湿性粉剂800倍液，在果实生长期及收获后可各喷药1次。一般作叶面喷洒，隔7～10天喷1次。

注意事项

(1) 遇酸碱易分解，高温时暴露在空气中或受潮易分解，可引起燃烧。

(2) 该药不能与铜及强碱性农药混用，在喷过铜、汞、碱性药剂后要间隔1周后才能喷此药。

(3) 药剂对皮肤、黏膜有刺激作用，使用时注意防护。

(4) 对鱼有毒，不可污染水源。

16. 腈菌唑

性质特点　腈菌唑是一种内吸性杀菌剂，对子囊菌、担子菌均具有较好的防治效果。持效期长，对作物安全，具有预防和治疗作用。

主要剂型　5%腈菌唑高渗乳油、12.5%腈菌唑乳油、25%腈菌唑乳油、40%腈菌唑可湿性粉剂。

防治对象　可防治白粉病、黑星病、黑斑病、锈病等。

使用方法及剂量

(1) 防治杨树、榆树、侧柏的白粉病、褐斑病、灰斑病，可用40%腈菌唑可湿性粉剂兑水8 000～10 000倍喷雾；用12.5%腈菌唑乳油兑水1 500～2 000倍喷雾。喷液量视树木大小而定；防治紫薇等林木白粉病，25%腈菌唑可湿性粉剂等药剂1 000倍液，均匀喷雾。对重病区7～10天后进行第二次防治。

(2) 防治杨树、竹林、草坪、海棠等的锈病，可在重病区用25%腈菌唑可湿性粉剂800～1 000倍液喷雾。

注意事项　贮存在阴凉、干燥处。

17. 异菌脲

性质特点　此药为保护性杀菌剂。

主要剂型　25%异菌脲悬浮剂，50%异菌脲可湿性粉剂。

防治对象　可防治林木、果树、观赏植物的灰霉病，核果类果树上的菌核病，苹果轮斑病、褐斑病、落叶病及梨黑星病等多种病害。

使用方法及剂量

（1）防治林木、果树、观赏植物的灰霉病，可用50%异菌脲可湿性粉剂1 000～1 500倍液7～10天喷1次，连续2～3次，可与多菌灵、代森锰锌等交替使用，以防产生抗药性。

（2）防治苹果轮斑病、褐斑病、落叶病，春梢生长期初发病时，50%异菌脲可湿性粉剂1 000～1 500倍液喷雾，以后每隔10～15天喷1次。

注意事项

（1）避免与强碱性药剂混用。

（2）不宜长期连续使用，以免产生抗药性，应交替使用或与不同性能的药剂混用。

（2）我国规定该药常规用量1 500倍，最高用量为1 000倍，使用次数最多为3次，安全间隔期为7天。

第四节　昆虫引诱剂

1. 红脂大小蠹引诱剂

性质特点　植物源聚集引诱剂，对环境无不利影响、人畜无毒副作用。诱芯由缓释性塑料小瓶、引诱剂、悬挂环组成。

适用范围　油松、白皮松、华山松、樟子松、华北落叶松、云杉。专门诱杀红脂大小蠹雄成虫。

使用方法

（1）将配制好的引诱剂倒入干净敞口容器（如烧杯等），用干净的注射器吸入20毫升引诱剂注入小瓶内（小瓶上部宜留出少量空间，不应装满），瓶口套上悬挂环，然后拧紧瓶盖。

（2）红脂大小蠹成虫羽化扬飞期，在发生区及毗邻地区的松林悬挂诱捕器。

（3）诱捕器要悬挂在林缘地带或林间开阔地，呈线性排列，如果林间有枯立木、衰弱树，诱捕器挂在这些树上效果更好。

（4）一般每 1 000 米悬挂 1 个诱捕器。

注意事项

（1）诱芯应随用随配，配制好的诱芯放置时瓶口朝上，以免溢漏。

（2）诱芯内 20 毫升引诱剂可持续 2 个月左右（取决于温度与风力），引诱剂释放完后，应及时更换诱芯。释放小瓶可重复使用，但必须用溶剂清洗干净，并确认无损坏。

（3）引诱剂为有机化合物，注意避开火源。

2. A –3 型松褐天牛引诱剂

性质特点　由萜烯类等特异性植物成分和溶剂配制而成，为无公害、无刺激性气味、透明的液体，兼有取食引诱剂和产卵引诱剂的特性。

适用范围　华山松、赤松、黄山松、黑松、黄松、火炬松等各种松树。通过诱集松褐天牛雄成虫，监测和防治松褐天牛及其传播的松材线虫病。

使用方法

（1）在松褐天牛成虫活动期，把引诱剂添加到药罐（瓶），置于诱捕器中成为诱芯。

（2）选择在交通相对方便、地势较开阔的林道或林中空地等空气较为流通的地方，将安装好的诱捕器用塑料绳悬挂于松树侧枝或捆绑于树干上。

（3）诱捕器离地面 1.5 米左右，2 个诱捕器之间约 80 ~ 100 米。

（4）一般每隔 20 天添加 1 次引诱剂至诱芯容积的 80%，以保持诱捕器的诱捕能力。

注意事项

（1）在有效使用期内，如果引诱剂存放时间过长，可能出现分层现象，使用时轻轻摇匀即可。

（2）引诱剂属易燃品，要注意防火。

（3）如引诱剂不慎溅入眼睛，应及时用清水冲洗。

3. YM－1 型松褐天牛引诱剂

性质特点　一种松树刺激剂，施于松树活立木或濒死木上，由松树吸收后，刺激松树产生对松褐天牛成虫有引诱活性的化学物质，达到吸引松褐天牛成虫到诱木上活动和产卵的目的。

适用范围　华山松、赤松、黄山松、黑松、黄松、火炬松等各种松树。通过诱集松褐天牛雄成虫，监测和防治松褐天牛及其传播的松材线虫病。

使用方法

（1）在松褐天牛成虫活动期，按原药（引诱剂）：清水＝1∶3的比例稀释。

（2）在诱木基部离地面 30～50 厘米处的三个侧面，各斜砍 2～3 个 30°角的刀槽，深入木质部 1 厘米。用注射器将稀释液滴于刀槽内。

（3）每株树施药（引诱剂）的毫升数同胸径的厘米数。

（4）诱木密度为 15 株/公顷。

注意事项

（1）以监测为目的的诱木，在诱木施药 7 天后，定期检查诱木上可能出现松褐天牛刻槽；在诱木施药 30 天后，定期在诱木上取样分离松材线虫。

（2）以防治为目的的诱木，应在松褐天牛成虫羽化前按松材线虫病疫木的要求进行灭疫处理。

（3）如眼睛、皮肤等不慎触及药液，应及时用清水冲洗；施药后，及时用肥皂洗手。

4. 小蠹虫引诱剂

性质特点　专一性天然昆虫聚集信息素，用配套诱捕器诱杀雄成虫，减少雌成虫交配繁殖的机会，从而减少子代幼虫的发生量，保护寄主免受小蠹虫危害。对环境无不良影响、人畜无毒副作用。常见种类有：云杉八齿小蠹引诱剂、落叶松八齿小蠹引诱剂、六齿小蠹引诱剂、十二齿小蠹引诱剂、纵坑切梢小蠹引诱剂、横坑切梢小蠹引诱剂、重齿小蠹引诱剂、油松梢小蠹引诱剂。常用聚乙烯缓释袋、铝箔包装作为载体释放。

适用范围　松、杉等针叶树种。专门诱杀小蠹雄成虫。因诱芯不同而防治种类不同。

使用方法

（1）小蠹成虫扬飞前，将诱芯及配套诱捕器固定在林缘空地距树林 10～15 米处或直径超过 20 米林间空地中心处。若林间空地直径小于 25 米，只在林外缘 10～15 米处设置即可。

（2）诱捕器高度（底部）距地面 1.5 米。

（3）诱芯应挂在诱捕器挡板下端的小孔中。

（4）用于监测时，按 1 套/公顷设置；用于防治时，按 3～5 套/公顷设置。

（5）用于重点监测的，每天检查 1 次；其他每隔 7～10 天检查 1 次。

注意事项

（1）铝袋诱芯使用前应低温密闭保存，保质期 2 年。

（2）诱芯应从铝袋中拿出即用。一旦打开包装袋，应尽快使用。

（3）诱芯内的引诱剂可持续 2～3 个月左右（取决于温度和风力），引诱剂释放完后，可视情况更换诱芯或终止诱捕。

（4）引诱剂为有机化合物，注意避开火源。

（5）由于性信息素的高度敏感性，安装前需要洗手，以免污染。

5. 白杨透翅蛾引诱剂

性质特点　专一性天然昆虫聚集信息素，对环境无不良影响、对人畜无毒副作用，用配套诱捕器（三角形诱捕器、船型诱捕器）诱杀雄蛾，减少雌蛾交配繁殖的机会，从而减少下一代幼虫的发生量。常用袖口式天然橡胶塞作为缓释载体。

适用范围　各种杨树。专门诱杀白杨透翅蛾雄成虫。

使用方法

（1）白杨透翅蛾成虫羽化前，将白杨透翅蛾性信息素诱芯及配套诱捕器悬挂于林间1.5～2.0米树干上。

（2）用铁丝将诱捕器固定在杨树枝条，诱芯置于诱捕器内中央。

（3）用于监测时，按1套/公顷设置；用于防治时，按3～5套/公顷设置。

（4）每日定期检查，清除死蛾，并根据情况及时更换胶板和诱芯。

注意事项

（1）诱芯使用前应低温密封保存，保质期2年，一旦打开包装袋，应尽快使用。

（2）诱芯内的引诱剂可持续2～3个月左右（取决于温度和风力），引诱剂释放完后，可视情况更换诱芯或终止诱捕。

（3）引诱剂为有机化合物，注意避开火源。

（4）由于性信息素的高度敏感性，安装前需要洗手，以免污染。

6. 美国白蛾引诱剂

性质特点　具有专一性强、灵敏度高、使用方便、有效期长的特点，对环境无不良影响、对人畜无毒副作用。在美国白蛾发生地区可用于监测虫情和诱杀防治，在未发生地区可用于监测其是否侵入。

适用范围　槭、桑、榆、椿、泡桐、白蜡、杨、柳等 370 余种林木、果树、农作物，专门诱杀美国白蛾雄成虫。

使用方法

（1）在美国白蛾羽化前，将美国白蛾引诱剂及配套诱捕器（桶形诱捕器）悬挂于林间。

（2）将诱芯的黑面粘在双面胶片上，然后再将胶片粘在美国白蛾性信息素诱捕器顶盖下方，最后将诱芯上面附着的白色塑膜揭下即可。

（3）诱捕器下端距地面高度分别为越冬代 1.5～2 米（树冠下层）、第一代和第二代 5～6 米（树冠中上层）。

（4）诱芯间最远 400 米有效果，100 米以内效果最好，一般按 200～400 米悬挂。

注意事项

（1）诱芯使用前应低温密封保存，保质期 2 年，一旦打开包装袋，应尽快使用。

（2）每代使用结束后，应及时将诱芯正面覆膜封好冷藏保存，以备再次使用。

（3）由于引诱剂的高度敏感性，安装前需要洗手，以免污染。

7. 松毛虫引诱剂

性质特点　专一性天然昆虫聚集信息素，对环境无不良影响、人畜无毒副作用。用配套诱捕器（船型诱捕器）诱杀雄蛾，减少雌蛾交配繁殖的机会，从而减少下一代幼虫的发生量。常用种类有：马尾松毛虫引诱剂、落叶松毛虫引诱剂、赤松毛虫引诱剂、油松毛虫引诱剂。常用袖口式天然橡胶塞做为缓释载体。

适用范围　各种松树。专门诱杀松毛虫雄成虫。因诱芯不同而防治种类不同。

使用方法

（1）在松毛虫成虫羽化前1～2天，提前将引诱剂及配套诱捕器悬挂于林间。

（2）诱捕器悬挂于林间1.5～2.0米树干上。

（3）应根据样地面积大小来设置诱捕器的数量，不只是根据虫口密度。一般情况下，监测时按1套/公顷设置。

注意事项

（1）诱芯使用前应低温密封保存，保质期2年，一旦打开包装袋，应尽快使用。

（2）应该尽量避免风口悬挂，否则会降低诱芯的有效期。

（3）使用信息素诱芯最好大面积连片使用。

（4）由于引诱剂的高度敏感性，安装前需要洗手，以免污染。

8. 舞毒蛾引诱剂

性质特点　专一性天然昆虫聚集信息素，对环境无不良影响、人畜无毒副作用。用配套诱捕器（三角形诱捕器、船型诱捕器或桶型诱捕器）诱杀雄蛾，减少雌蛾交配繁殖的机会，从而减少下一代幼虫的发生量。常用袖口式天然橡胶塞或复合橡胶塞作为缓释载体。

适用范围　杨、柳、榆、桦、栎、苹果、核桃等。专门诱杀舞毒蛾雄成虫。

使用方法

（1）舞毒蛾成虫羽化前，悬挂舞毒蛾引诱剂及配套诱捕器。

（2）诱捕器悬挂于林木的直立支杆或树干1.5～2.5米高处。

（3）一般情况下，诱捕器间隔200～300米。

（4）每天诱蛾高峰期（10：30～14：30）检查诱蛾情况，20天更换1次诱芯。

注意事项

（1）诱芯使用前应低温密封保存，保质期2年，一旦打开包装袋，应尽快使用。

（2）诱捕器应挂在不被遮挡，靠近寄主的直立支杆上，避免人为干扰或损坏。

（3）由于引诱剂的高度敏感性，安装前需要洗手，以免污染。

（4）若当地虫情比较严重，应使用舞毒蛾迷向剂。

9. 苹果蠹蛾引诱剂

性质特点　专一性天然昆虫聚集信息素，对环境无不良影响、人畜无毒副作用。用配套诱捕器（三角形诱捕器）诱杀雄蛾，减少雌蛾交配繁殖的机会，从而减少下一代幼虫的发生量。常用袖口式复合橡胶塞作为缓释载体。

适用范围　苹果、梨、桃、核桃等仁果类、核果类果树。专门诱杀苹果蠹蛾雄成虫。

使用方法

（1）苹果蠹蛾成虫羽化前，悬挂苹果蠹蛾引诱剂及配套诱捕器。

（2）诱捕器应安放于苹果蠹蛾的寄主植物上，若没有寄主植物，也可安放于其他树木上。

（3）悬挂高度一般为果树树冠上部1/3处通风较好且稍粗的枝条上，距地面高度不低于1.7米。

（4）一般情况下，用于监测时，按3～5套/公顷设置；用于防治时，按10～15套/公顷设置。

（5）每3日检查诱捕器的诱蛾情况。诱芯每25天左右更换1次。

注意事项

（1）诱芯密闭低温保存，保存时间不超过1年。

（2）若当地虫情比较严重，应使用苹果蠹蛾迷向剂。

（3）由于引诱剂的高度敏感性，安装前需要洗手，以免污染。

第五节 杀鼠剂

1. 莪术醇抗生育剂

性质特点 该药属环保型无公害农药，对环境无污染、对天敌动物无毒害，对非靶标动物和人畜安全。通过抗生育作用，降低害鼠种群数量，达到防治鼠害的目的。

主要剂型 0.2%饵剂。

适用场所及对象

(1) 适用于森林、草原、农田等多种场所。

(2) 防治取食植物茎干和枝条树皮的地上害鼠和鼠兔等。

使用方法及剂量 在鼠类繁殖期前1个月施药，最佳投放时间是在春季4月份，0.2%饵剂常用剂量为每公顷1 500克，15米×20米为一个投放点，每点投放1袋，每袋50克。高密度时为每公顷5 000克，10米×10米为一个投放点，每点投放一袋，每袋50克。

注意事项 通风干燥贮存，切勿受潮。在运输、贮存和使用时要注意安全，避免与食物等混放。

2. 多效抗旱驱鼠剂

性质特点 这是一种安全高效的害鼠驱避药剂，能有效保护种子、苗木免受害鼠的危害，对人畜安全，不污染环境。可促进植物根系生长，提高成活率和出苗率，抗旱与鼠害预防相结合。对鼠害的预防效果达90.7%，苗木生长净增加为18.5%。

主要剂型 林用型为液剂，常温下性质稳定，溶于水。

适用场所及对象

(1) 适用于森林、草原等多种场所。

(2) 可以防治地下鼢鼠、地上害鼠和鼠兔等取食植物根部、茎干和枝条处树皮的害鼠。

使用方法及剂量 在种子处理时，每千克多效抗旱驱鼠剂加水 20 千克，可拌种 300 千克；加水 200 千克，可浸种 500 千克。在苗木处理时，可用 100～200 倍泥浆对造林时的裸根苗进行蘸浆处理；也可用500～800 倍水溶液，在容器苗起苗前 1～3 天进行浇灌。

注意事项　属有毒物品，在运输、贮存和使用时要注意安全，不可与食物混放。

3. 贝奥雄性不育灭鼠剂

性质特点　为选用纯天然植物提取原料制成的一种控制生育，防治鼠害的新型灭鼠剂，绿色、环保、安全、有效、持久、无二次中毒，鼠类食用后，使其丧失生殖能力，从而减少鼠类种群数量，并维持在不足以造成危害的程度。

主要剂型　2.5%颗粒剂。

适用场所及对象

(1) 适用于森林、草原、农田等多种场所。

(2) 可以防治取食植物茎干和枝条处树皮的地上害鼠和鼠兔等。

使用方法及剂量　棕背䶄等地上活动鼠类每年一次性投药量 1 125 克/公顷。每 3 米×5 米设一饵点，每点 1 袋（15 克）。大沙鼠等半地下活动鼠类，由于对饵料选择性强，需要自配毒饵，原药（“贝奥”母粉）与饵料（胡萝卜+食用油）的混合比例为 1.25:1 000。胡萝卜切成拇指盖大小方块，放在阴凉处晾到半阴干，贝奥母粉与半阴干胡萝卜块充分混合后，再拌适量食用油，达到保湿和增加适口性的效果。拌好的毒饵用塑料袋装好，尽快使用。投药量每洞口3～5 块。条形施药每行间距 10 米，每堆间距 5 米，每堆投药 10 克；或每公顷约投 300 堆，每堆投药 10 克。首次投药后间隔 4～5 天后再投第二次，连续投药 3 次。

注意事项

(1) 应在害鼠繁殖前期施药。

（2）在运输、贮存和使用时要注意安全，尽量避免与食物等混放。

4. 杀鼠醚

性质特点　杀鼠醚属第一代抗凝血杀鼠剂，是一种慢性、高毒、广谱、高效、适口性好的杀鼠剂，无二次中毒危险。在低剂量下多次用药会使老鼠中毒死亡，对猫、犬和鸟类无二次中毒危害，对益虫无害。杀鼠醚可保存 18 个月以上不变质，在 150℃ 高温下无变化，在水中不水解，但在阳光下有效成分迅速分解。

适用场所及对象

（1）适用于森林、草原、农田等多种场所。

（2）可以防治取食植物根部、茎干处树皮的地下鼢鼠、地上害鼠和鼠兔等。

使用方法及剂量　0.75% 杀鼠醚主要用于配制毒饵，一般采用粘附法或混合法配制；也可直接撒在鼠洞，使鼠经过时粘上药粉，当鼠用舌头清除身上粘附的药粉时引起中毒。

粘附法配制毒饵。颗粒状的饵料 19 份，拌入食用油 0.5 份，使颗粒饵料被一层油膜，最后加入 1 份 0.75% 杀鼠醚搅拌均匀。也可将小麦、玉米碎粒、大米等饵料浸湿后，倒入药剂拌匀。

混合法配制毒饵。面粉 19 份、0.75% 杀鼠醚 1 份，二者拌匀后用温水和成面团，制成颗粒或块状，晾干即可。

（1）防治林业害鼠可采用一次性投饵，沿林间小路、水渠等距投饵，每隔 5 米一堆，每堆 5～10 克毒饵。

（2）防治达乌尔黄鼠，可按洞投饵，每个洞口旁投 15～20 克。

（3）防治长爪沙鼠每个洞口处投放 5～10 克毒饵。

注意事项

（1）投放鼠饵时应注意药物不可与鸡或猪的饲料接触，尽量避免家禽、家畜与毒饵接近。

（2）若出现中毒现象，用维生素 K_1 能有效地解除毒性，必要时每 2 ~ 3 小时作重复注射，但总注射量应不超过 4 针剂（40 毫升）。

5. 0.02% 溴敌隆毒饵

性质特点　曾用名：鼢灵、鼢鼠灵，该产品选用中草药为载体，配以无色、无味的杀鼠剂经独特发酵工艺制作而成。根据鼢鼠洞道分布和鼢鼠的生活习性，采用独特的插洞投饵法，饵料投入洞内后，吸湿变软，使得形状酷似草根，啃食起来与植物根茎相似，麻痹了害鼠辨别毒饵的警惕性。饵料经发酵后载体所特有的浓香气味弥漫于洞内，可吸引害鼠从 50 ~ 80 米远的地方过来取食，取食后在洞穴中缓慢死亡，不会引起鼠类耐药性和抗药性。死鼠全部在洞系内，对天敌和有益动物安全，无环境污染及二次中毒现象。

适用场所及对象

（1）适用于草原、森林、农田等多种场所。

（2）防治地下鼢鼠和鼠兔等取食植物根部和茎干树皮类的害鼠。

使用方法及剂量　该药剂为成品毒饵，可直接投放。

（1）插洞法：准备一根长 40 厘米、直径 1.0 ~ 1.2 厘米且一头尖的木制探棒，投药者手持探棒、尖端朝下，在鼢鼠主洞道上方插一小孔；插孔探到洞道时有一种下陷感觉，这时轻轻旋转退出探棒，用药勺把 5 ~ 10 克的毒饵投入孔内，再用湿土把孔封严实即可。

（2）切洞法：在鼢鼠洞道上方挖一上大下小的坑、取净洞内落土，根据鼢鼠爪印、鼻印分析判定有鼠方向，用长柄勺将毒饵放进洞内约 30 厘米处；若无法判定鼢鼠活动方向，可采取双向投饵，投饵后，立即用湿土封闭洞口即可。

（3）吊线法：对活动带土多、鼠龄大的鼢鼠，将 5 ~ 10 克的毒饵用针线串起，用插洞投饵法将药物吊入洞内悬空，把线的另一头固定于地面。该方法对后期扫残，以及杀灭个别箭伤或其他原因造成行走带土的鼢鼠，效果更佳。

注意事项

(1) 该药剂有毒需严格管理，保管药剂要有专门场地、专人专管，严格按操作规程管理，避免其他人或小孩接触。

(2) 将饵料投入洞内，严禁遗漏在地面，防止家禽、牲畜进入防治区，避免非靶标动物误食；死鼠及剩余药物要焚烧或深埋。

(3) 工作时必须戴手套，不要用手触摸投饵工具端部。接触和处理药剂后必须立即用肥皂洗手及暴露的皮肤。

(4) 如有中毒需立即就医，口服或静脉注射维生素 K_1，并输柠檬化血液。

6. 0. 005% 溴敌隆毒饵

性质特点 该药又名凯牌杀鼠剂，本品选用特制的引诱剂和第二代广谱抗凝血药物，使害鼠无法觉察诱饵中药物的存在而不断取食。无二次中毒现象，在使用中对人、畜较为安全。用量低、适口性好，一次饱和投饵就能有效控制各种鼠害。

适用场所及对象

(1) 适用于农田、草原、森林、家庭、机关、企业等多种场所。

(2) 可防治各种地上活动的鼠类和鼠兔等取食植物根部和茎干树皮类的害鼠。

使用方法及剂量 在农田、草原、森林等野外地区，采用带状投饵、等距离投饵、洞口或洞群投饵等方法进行投饵，每公顷投 2 250 ~ 3 000 克；在室内防治，每间房内投饵 5 ~ 10 克，在洞口或老鼠经常出没的地方进行分堆投饵、每堆 3 克左右。

注意事项

(1) 该药剂有毒，需严格管理，保管药剂要有专门场地、专人专管，严格按操作规程管理，避免其他人或小孩接触。

(2) 投饵前不要使用有气味的化妆品或用香皂洗手、洗脸，以免影响杀灭效果。

(3) 将饵料投入洞内，严禁遗漏在地面，防止家禽、牲畜进入防治区，避免非靶标动物误食；死鼠及剩余药物要焚烧或深埋。

(4) 接触和处理药剂后必须立即用肥皂洗手及暴露的皮肤。

(5) 如有中毒需立即就医，维生素 K_1 为有效解毒剂。

7. 杀它仗

性质特点　杀它仗属第二代抗凝血型杀鼠剂，由于属高毒杀鼠剂、急性毒力强，适宜一次性投毒防治，其独特配方适口性佳，易于老鼠迅速取食。独特的颗粒毒饵，能准确控制用量，减少浪费。不会产生二次中毒，对人及环境安全。

主要剂型　防治林业害鼠，主要为 0.005% 的蓝色无味蜡块毒饵，每粒毒饵重约 4 克，

适用场所及对象

(1) 适用于农田、草原、森林、家庭、机关、企业等多种场所。

(2) 能够防治各种地上活动的鼠类和鼠兔等取食植物根部和茎干树皮类的害鼠。

使用方法及剂量　防治地上鼠可以采用 20 平方米等距投饵，每个饵点投放 4 ~ 8 克毒饵，在田埂、林缘、坟丘等处可适当多放。

注意事项

(1) 谨防儿童、家畜及鸟类接近毒饵，不要将药剂贮放在靠近食物或饲料的地方；对非靶标动物较安全，但对狗敏感。

(2) 在使用时药剂应避免与皮肤、眼睛、鼻子或嘴接触，工作结束后和饭前要洗净手、脸和裸露的皮肤。如药剂接触皮肤或

眼睛，应用清水彻底冲洗干净；如果误服中毒，应立即将患者送医院抢救。

（3）用药后要清理所有装毒饵的包装物，并将其掩埋或烧掉；死鼠应掩埋或烧掉。

第六节 除草剂

1. 乙氧氟草醚

性质特点　又称为果尔、割草醚、割地草、乙氧醚。该药为选择性触杀型芽期除草剂，芽前和芽后早期施用效果最好，对种子萌发的杂草除草谱较广，对1年生单、双子叶杂草防效明显，对多年生杂草有部分抑制作用或无效。毒性低，对林木安全。

主要剂型　20%乙氧氟草醚乳油、24%乙氧氟草醚乳油。

防治对象　可防治1年生单、双子叶杂草，如稗草、牛毛毡、狗尾草、马唐、鸭跖草、野荸荠、野苋菜、铁苋菜、蓼、藜、龙葵、曼陀罗、田荠、苍耳、牵牛花、节节草、异型莎草等。对大部分多年生杂草（如荠菜、香附子、眼子菜、水花生、瓜皮草等）无效。

使用方法及剂量

（1）松、杉苗圃播后立即进行土壤处理，每公顷用24%乳油750毫升加水900千克喷于土表。

（2）果园、茶园、幼林抚育，杂草4～5叶期每公顷用24%乳油450～750毫升兑水450～600升后用低压喷雾器定向喷雾杂草茎叶，或与克芜踪、草甘膦混用，扩大杀草谱提高药效。

注意事项

（1）该药为触杀型除草剂，喷药时要均匀，用药量要准。

（2）该药对人体有低毒，避免与眼睛和皮肤接触，若药剂溅入眼中或皮肤上应立即用大量清水冲洗，并送往医院。

（3）勿将本药剂置放在湖边、池塘或河沟边，或清洗施药器具和处理废物导致水污染，用后的空容器应压碎，并埋在远离水源的地方。

2. 乙草胺

性质特点　乙草胺又名禾奈斯。为选择性芽前除草剂，可被植物幼芽吸收，必须在杂草出土前施药，使幼芽、幼根停止生长，如果田间水分适宜，幼芽未出土即被杀死，杂草出土后，禾本科杂草茎叶卷曲萎缩，其他叶皱缩，整株枯死。对藜、马齿苋、龙葵等阔叶杂草有一定防效并抑制其生长，活性比禾本科杂草低，正常使用对树木安全。

主要剂型　90%乙草胺乳油、88%乙草胺乳油、50%乙草胺乳油和20%乙草胺乳油可湿性粉剂。

适用对象　主要防治禾本科杂草，对阔叶杂草也有很好的抑制作用。如稗草、狗尾草、马唐、牛筋草、稷、臂形草、藜、苋、马齿苋、菟丝子、刺黄、稔、黄香附子、紫香附子、双色高粱、春蓼等。也可用于玉米、棉花、花生和大豆田的芽前除草。

使用方法及及剂量　用在育苗场苗前封闭除草。在杂草种子萌发以前，每公顷用50%乳油1 125～1 500毫升，兑水450升，对土壤进行均匀喷雾处理。

注意事项

（1）只对萌芽出土前杂草有效，只能做土壤处理剂使用，不能作杂草茎叶处理。

（2）沙质土壤用药量要低一些，否则易出现药害，含有机质多的黏土用药量要适当增加，否则药效不能保证。

3. 扑草净

性质特点　扑草净又名扑灭净、扑灭通。该药为选择性内吸传导型除草剂，杀草谱广，主要通过根部吸收，也可通过茎、叶渗入到植物体内，抑制杂草光合作用，中毒杂草失绿逐渐干枯死亡。其水溶性较低，施药后可被土壤黏粒吸附在0～5厘米土表中形成药层，使杂草萌发出土时接触药剂，持效期20～70天，旱地、黏土中持效期长。

主要剂型　25%扑草净可湿性粉剂、50%扑草净可湿性粉剂。

防治对象　对刚萌发的杂草防效最好，可防除多种1年生禾本科杂草、阔叶杂草和莎草科杂草，如马唐、狗尾草、蟋蟀草、稗草、看麦娘、牛筋草、马齿苋、卷耳、眼子菜等，对一些伞形花科和豆科杂草防效差。可用于果树、茶树、棉花、大豆、麦类、花生、向日葵、马铃薯、蔬菜及水稻田。

使用方法及剂量　果园、茶园、桑园1年生杂草大量萌发初期，土壤湿润条件下，用50%可湿性粉剂3 750～4 500克/公顷单用，或减半量与拉索、丁草胺等混用，每公顷兑水450～750千克，喷雾处理。

注意事项

（1）有机质含量低的沙质土不宜使用。

（2）使用时应戴口罩，穿防护服，背风用药，施药时勿吸烟，施药后用肥皂洗手、脸。

（3）施药时防止喷到树木上。

4. 吡氟氯禾灵

性质特点　该药又名盖草能、高效吡氟氯禾灵、高效盖草能。该药为选择性苗后茎叶处理除草剂，具有较好的内吸传导性。可被植物的茎、叶吸收传导到整个植株，抑制茎和根的分生组织，使之停止生长而死亡。性质稳定，在土壤中残效期长，施药时药剂洒到土壤中仍有杀草作用。只要浓度适当，对苗木等比较安全。

主要剂型　12.5%吡氟氯禾灵乳油、10.8%吡氟氯禾灵乳油。

防治对象　适用于针叶及阔叶树苗圃如松、杉、柏、杨树、海棠、梧桐等防除1年生和多年生禾本科杂草，如早熟禾、蟋蟀草、马唐、狗尾草、狗牙根等杂草，对阔叶杂草和莎草科杂草无效。

使用方法及剂量 在杂草3～6叶期，用12.5%乳油750～1 200毫升/公顷，高于30厘米的大草效果略差。防除1年生或多年生杂草较多时，在5叶至孕穗前，用12.5%乳油1 800～2 400毫升/公顷，加水450～750千克，茎、叶喷雾处理。

注意事项

（1）本品能被杂草快速吸收，一般下雨前3～5小时施药不影响除草效果。

（2）施药时根据杂草种类对药剂的敏感程度、杂草密度、生长状况适当选择最佳经济有效剂量，单、双子叶杂草混生可采用与防除阔叶及莎草的除草剂混用。

（3）该药为易燃物品，不要放置在高温或接近火源处。勿让儿童接近，不要与食物、水、种子、饲料放在一起。

5. 喹禾灵

性质特点 喹禾灵又名禾草克、精禾草克、精喹禾灵。该药为选择性、内吸传导型茎叶处理除草剂。在禾本科杂草与双子叶作物之间有高度选择性，茎叶可在几小时内完成对药剂的吸收作用，向植物体内上部和下部移动。药剂对一年生杂草在24小时内可传遍全株，1年生杂草受药后，2～3天新叶变黄，停止生长，4～7天茎叶呈坏死状，10天内整株枯死。多年生杂草受药后，药剂迅速向地下根茎组织传导，使之失去再生能力。该药低毒，对苗木安全。

主要剂型 5%喹禾灵乳油、10%喹禾灵乳油。

防治对象 可有效防除稗草、马唐、牛筋草、看麦娘、狗尾草、野燕麦、雀麦、狗牙根、芦苇、白茅等1年生和多年生禾本科杂草，对莎草、阔叶杂草无效。

使用方法及剂量 防除1年生禾本科杂草，在杂草3～6片叶时，用5%奎禾灵乳油600～900毫升/公顷，兑水600～750千克进行茎叶喷雾处理。防除多年生禾本科杂草，在杂草4～6片叶时，用5%奎禾灵乳油1 750～3 000毫升/公顷，兑水600～750千克进行茎叶喷雾处理。

注意事项

（1）该药对阔叶杂草无效，在田间往往是单双子叶杂草混生，应根据杂草种类考虑与防阔叶杂草的除草剂混用，混用前应了解其可混性，有拮抗及增毒造成药害的不可混用。

（2）该药对禾本科作物敏感，喷药时应注意勿飘移到敏感作物田，以免造成药害。

（3）该药抗雨淋性能好，施药后1～2小时下雨，对药效影响很小，不必重喷。

（4）施药时应戴口罩和橡皮手套，工作完毕后用肥皂洗净暴露的皮肤，并用清水漱口。万一误服，饮大量水催吐，保持安静，并立即送医院治疗。

6. 地乐胺

性质特点　地乐胺又名丁乐灵、双丁乐灵、止芽素、硝苯胺灵。该药为选择性芽前土壤处理剂，抑制杂草幼芽及幼根的生长。对双子叶植物地上部分抑制的典型症状是抑制茎伸长；单子叶植物的地上部分产生倒伏、扭曲、生长停滞，幼苗逐渐变成紫色。该药对苗木的幼芽安全无害。

主要剂型　48%地乐胺乳油。

防治对象　可防除马唐、狗尾草、牛筋草、稗草等1年生禾本科杂草和部分阔叶杂草，也可防除菟丝子，对刺儿菜、田旋花等多年生杂草防效差。还可用于西瓜、甜瓜、胡萝卜、马铃薯、西红柿、育苗韭菜、茴香、菜豆、芹菜、萝卜、大白菜、黄瓜等菜田除草。

使用方法及剂量

（1）播种前或移栽前对土壤进行封闭处理，用48%乳油

1 500～4 500 毫升/公顷，兑水 450～750 千克土壤均匀喷雾处理。

（2）播后苗前土壤处理。在播后出苗前，用 48% 乳油3 000～3 750毫升/公顷，兑水 450～750 千克均匀喷雾。

（3）苗后或移栽后土壤处理。果园用 48% 乳油 3 750～5 250 毫升/公顷喷雾。

注意事项

（1）该药用后一般要混土，混土深度 3～5 厘米。在冷凉季节或作物遮荫好，或用药后浇水的情况下，不混土也有较好的除草效果。

（2）茎叶处理防除菟丝子时，喷雾力求细微均匀，使菟丝子缠绕的茎尖都能接触到药剂。

7. 莠去津

性质特点　莠去津又名阿特拉津。该药为选择性内吸传导型苗前、苗后除草剂。根吸收为主，茎叶吸收很少，使杂草叶片变黄、饥饿死亡。该药的水溶性较大，在土壤中具有较大的移动性，易被雨水淋溶到深层，对一些深根性杂草有抑制作用。该药在土壤中的持效期较长，一般情况下残效期可达半年左右。

主要剂型　38% 莠去津悬浮剂，50% 莠去津可湿性粉剂、80% 莠去津可湿性粉剂。

防治对象　用于果树、苗圃、林地，也可用于玉米、高粱、甘蔗等作物除草。可防除蓼、藜、苋、马齿苋、铁苋、马唐、稗草、狗尾草、牛筋草、看麦娘等 1 年生禾本科杂草和阔叶杂草，对阔叶杂草的防除效果优于禾本科杂草，对多年生杂草也有一定抑制作用。

使用方法及剂量　茶园、果园等一般在开春后 4～5 月份，田间杂草萌发高峰期，先将越冬杂草和已出土的大草铲干净，每公顷用 38% 悬浮剂 3 750～4 500 毫升，兑水 450～750 千克，土表均匀喷雾。

注意事项

（1）该药不宜在有桃树的果园使用，因桃树对其敏感，表现为叶黄、缺绿、落果，严重减产。

（2）因该药有淋溶作用，有机质含量超过6%的土壤，不宜进行土壤处理，以茎叶处理为好。

（3）近水源地区禁用。

（4）为防止土壤结构恶化、板结，不宜在同一地块连续应用。

8. 氟乐灵

性质特点　氟乐灵又名氟特力、茄科宁。该药为选择性触杀型土壤除草剂，在植物体内输导能力差。杂草种子发芽生长穿出土层的过程中吸收药剂，但出苗后的茎和叶不能吸收，在土壤中易被土壤胶体吸附，不易被雨水淋溶。对人畜、鸟类低毒，对鱼类高毒。

主要剂型　48%氟乐灵乳油。

防治对象　可防除1年生单子叶、阔叶杂草，对鸭跖草、半夏、艾蒿、繁缕、雀舌草、打碗花、车前草等防效较差。对多年生杂草基本无效。

使用方法及剂量

（1）播前或播后苗前进行土壤处理，施药后混土3～5厘米，混土要均匀，混土后即可播种，土壤有机质含量在2%以下时每公顷用48%氟乐灵乳油1 200～1 500毫升，有机质超过2%时每公顷用1 500～1 875毫升，沙质土用低限，黏土用高限。

（2）苗后或移植后施药。移栽的果树和苗木，在移植缓苗后杂草出苗前施药，每公顷用48%乳油1 500～2 250毫升，兑水450～750千克均匀喷雾，施药后均匀混土。

（3）该药对苍耳、鸭跖草等防效较差，为扩大杀草谱，每公顷用48%氟乐灵乳油1 200毫升+88%灭草猛乳油2 775毫升；或每公顷用48%氟乐灵乳油1 650毫升与80%茅毒可湿性粉剂2 250克搭配使用。

注意事项

（1）该药易挥发和光解，施药后应马上混土，从施药到混土时间一般不超过8小时，特别是在春季干旱时，应在施药后立即混土保墒，否则会影响药效。

（2）施药时要做好防护措施，如戴风镜、防渗手套，穿防护服等。

（3）贮存时避免阳光直射，不要靠近火和热气，在4℃以上阴凉处保存。在－15℃以下存放时，应在使用前将容器搬到15℃以上温度放置24小时，将容器摇动使药物均匀后才能使用。

9. 异丙甲草胺

性质特点　该药又名杜尔、都尔、稻乐思。该药为选择性芽前土壤处理除草剂。出苗后主要靠根吸收向上传导，抑制幼芽和根的生长，敏感杂草在发芽后出土前或刚刚出土即中毒死亡。禾本科杂草幼芽吸收该药的能力比阔叶杂草强，因而防除禾本科杂草效果好。

主要剂型　72%异丙甲草胺乳油。

防治对象　该药对一年生禾本科杂草和阔叶杂草有效，对禾本科杂草防效优于阔叶杂草。对马唐、牛筋草、稗草、狗尾草、野燕麦、看麦娘等1年生禾本科杂草效果突出，对藜科、苋科、龙葵、菟丝子等阔叶杂草效果明显，对蓼科杂草、播娘蒿、荠菜、牛繁缕等也有较好的效果，但对马齿苋、铁苋、猪殃殃、鸭跖草等部分阔叶杂草效果较差，对多年生杂草无效。

使用方法及剂量

（1）在播后芽前施用。苗圃地在种子播后随即施药，每公顷用72%异丙甲草胺乳油1 500～1 875毫升，兑水450～750千克喷施。

（2）移栽前或移栽缓苗后施药。每公顷用72%异丙甲草胺乳油1 500～3 000毫升，拌细土均匀撒施。

注意事项

（1）持效期为30～50天，在此期内需结合人工或其他除草措施，才能有效控制作物全生育期杂草的危害。

（2）采用毒土法施药，应掌握在下雨或灌溉前后最好，否则除草效果不理想。

（3）虽属低毒农药，但在施药时，也应遵守安全用药操作规程，不得吸烟、进食和饮水，施药后应用肥皂水洗净裸露皮肤。

（4）贮于阴凉、干燥、远离食品和儿童的地方，低于－10℃的地方放置会有结晶析出，用40℃温水加热可使结晶溶解，不影响药效。

10. 安威

性质特点　安威是由乙草胺和塞克津（嗪草酮）复配而成的新型、广谱、选择性芽前封闭除草剂。对林木安全，成本低，使用方便，持效期适中，是较理想的旱地除草剂。

主要剂型　50%安威乳油。

防治对象　主要用于防除1年生禾本科和阔叶杂草，对多年生禾本科杂草及阔叶杂草也有较好防效。

使用方法及剂量　在播后出苗前，每公顷用50%安威乳油1 875～2 250毫升，兑水450～750千克，均匀喷雾于土表。干旱条件下应适当加大兑水量。施药后浅混土2～3厘米有利于药效发挥。

注意事项

（1）为土壤处理剂，必须在杂草出土前施药，为保证安全，苗木拱土前2天停止用药。

（2）本品除草效果受土壤条件影响较大，应根据具体情况确定用药量和兑水量，有机质含量高时选用高剂量，低时选用低剂量，严重干旱时应于施药后15天内喷水以保证药效发挥，砂质土壤及有机质低于1.5%田块禁用，持续低温多雨年份不宜使用，碱性土壤应适当减少用药量。

(3) 大风天不可施药，以防止飘移，施药时应定喷头高度，喷雾压力及行走速度等，要直形喷施，切勿左右摆动喷头。

(4) 本品对人的眼睛、皮肤及黏膜有刺激性，避免直接接触，若溅到眼睛或皮肤上，立即用清水或肥皂水冲洗。

(5) 本品易燃，要注意防火，存放于阴凉、干燥处，远离食品及饲料。

(6) 施药时不得污染河流、池塘及水源。

11. 乙阿合剂

性质特点　乙阿合剂又名乙莠水悬浮乳剂。由乙草胺和阿特拉津复配而成的一种选择性芽前封闭除草剂，药效持续长，通过杂草的幼芽和幼根等处吸收，使杂草幼芽和幼根停止生长而死亡。

主要剂型　40%乙阿合剂胶悬剂、42%乙阿合剂胶悬剂、48%乙阿合剂胶悬剂。

防治对象　能有效防除狗尾草、马唐、牛筋草、藜、苋、蓼等1年生由种子繁殖的禾本科和阔叶杂草。

使用方法及剂量

(1) 播后苗前除草，每公顷使用乙阿合剂2 250～3 000毫升，兑水450～750千克喷雾。

(2) 对已出土杂草，乙阿合剂与农达混用，由于农达对已出土杂草的触杀作用及乙阿合剂对未出土杂草的封闭作用，使林地杂草得以很好控制。每公顷施用40%乙阿合剂悬乳剂2 250毫升混用41%农达水剂2 250毫升，兑水450～750千克喷雾防治。

注意事项

(1) 施药林地要远离大豆、花生、棉花等双子叶作物田地以及对阿特拉津比较敏感的禾本科作物田地，以防发生药害。

（2）苗后除草，要选择无风的天气，并注意带好防护罩。

（3）注意喷药时，要尽量减少药剂与皮肤接触，喷完药后要洗手洗脸，换衣服。

（4）土壤有机质含量少于1%的沙性土壤不宜使用，过于干旱的土壤会影响药效发挥。

12. 草甘膦

性质特点　草甘磷又名农达。为内吸传导型广谱灭生性除草剂。通过茎叶传导到地下部分，在同一植株的不同分蘖间也能进行传导，对多年生深根杂草的地下组织破坏力很强，能达到一般农业机械无法达到的深度。草甘膦作用缓慢，1、2年生杂草药后15～20天枯死；多年生杂草药后20～25天地上部分枯死，地下部分逐渐腐烂。对人、畜低毒，对鱼类、鸟类和天敌安全。

主要剂型　10%草甘膦水剂、41%草甘膦水剂。

防治对象　主要用于森林、苗圃、茶园、桑园、果园等除草，杀草谱广，对40多科的植物有防除作用，包括单子叶和双子叶、1年生和多年生、草本和灌木等植物。对豆科和百合科一些植物作用不明显。

使用方法及剂量　茶、桑、果园、橡胶园、林地一般在夏季及秋季杂草盛发期，大部分杂草处于5～6叶期进行施药。防除1、2年生杂草，每公顷用41%草甘膦水剂3 000～4 500毫升；防除多年生深根杂草，每公顷用3 750～7 500毫升，兑水量为450～750千克，喷雾。

注意事项

（1）为非选择性除草剂，因此施药时应防止药液飘移到作物茎叶上，以免产生药害。

（2）该药与土壤接触立即失去活性，宜作茎、叶处理。用药量应根据作物对药剂的敏感程度确定。

（3）使用时可加入适量的洗衣粉、柴油等表面活性剂，可提高除草效果。

（4）温暖晴天用药效果优于低温天气。

（5）对金属制成的镀锌容器有腐化作用，易引起火灾。

（6）低温贮存时会有结晶析出，用时应充分摇动容器，使结晶溶解，以保证药效。

第二章　常用防治器械与使用

一、喷雾喷粉机

（一）背负压杆式喷雾器

1. 特点

背负压杆式喷雾器主要由药液系统，压力装置（泵）和喷洒装置组成（图 2－1）。目前，我国最典型的背负压杆式喷雾器是工农－16 型，及卫士、市下、蒙化等，还有引进的国外产品。

图 2－1　背负压杆式喷雾器

2. 操作方法

（1）手动喷雾器的检查和调整。作业前，应进行一系列的检查与调整，确保良好的工作状况，减少施药过程中的故障发生。如喷头堵塞、药液滴漏、喷头与密封件的过度磨损等，以提高作业效率和防治效果，减少污染和浪费。

（2）施用药液量的确定。根据所喷洒的农药种类、作物生长状况和病虫害种类等，决定采用常量，还是低量喷雾和单位农田面积上的施用药液量，并选择适宜的喷孔片和喷头，确定相应的工作压力。

（3）按要求配好农药。向药箱内注入药液前，一定要将截流阀关闭，以免药液漏出，加注药液用漏网过滤。药液不要超过桶壁上所示水位线位置，加注药液后，必须拧紧桶盖，以免作业时药液漏出。作业时，应先摇动压杆数次，使空气的气压达到工作压力后再打开截流阀。喷雾时必须保持边走边不断摇动压杆，摇动的频率为每分钟 20 ~ 25 次，匀速摇动压杆，不可时摇时停，摇动压杆的上下距离必须每次保证一个行程，即从摇杆抬起的最高位置到最低位置，以保证每次能够产生足够的药液压力。作业时，空气室中的药液超过安全水位时，应立即停止摇动压杆，以免气室爆裂。

（4）喷雾结束后废液处理和机器保养。喷洒农药的残液或清洗药械的污水，应选择安全地点妥善处理，不准随地泼洒，防止污染环境。喷洒除草剂后，必须将喷雾器彻底洗干净，以免喷施其他作物时产生药害。机器作业后的保养。喷雾器每次使用结束后，应倒出药箱内的残余药液，加少量的清水继续喷洒干净，并用清水清洗各部分，然后打开开关，倒挂于室内通风干燥处存放，凡活动部件及非塑料接头处应涂满黄油防锈。

（二）单管式喷雾器

1. 特点

单管式喷雾器是手动喷雾器，只有手动泵和喷洒部件（图2－2）。一般需要 2 ~ 3 个人同时作业，1 个人操作泵筒供应高压药液，另外 1 ~ 2 个人操作喷管和喷头进行作业。

图 2－2 单管式喷雾器

2. 操作方法

作业时，当提起柱塞杆时，泵筒内的空间增大，形成局部的真空，在大气压的作用下，经过滤网，药液冲开进水阀球，进入泵筒内，压下柱塞杆时，进水阀球将进水孔封闭，已进入泵筒内的药液只能推开出水阀球，进入空气室，再次提起柱塞杆时，在空气室内药液的作用下出水阀关闭，进水阀打开，如此反复，进入空气室的药液逐渐增多，空气室内的空气被压缩而使药液承受压力，药液经出水接头，通过喷洒部件呈雾状喷出。

（三）踏板式喷雾器

1. 特点

踏板式喷雾器是一种把液泵安装在踏板上，用杠杆操作的手动喷雾器。踏板式喷雾器按泵的结构不同，可分为单缸和双缸两类，如SWY-28型为单缸泵踏板式喷雾器，丰收-3[3WT-(3)]为双缸泵踏板式喷雾器，踏板式喷雾器具有排液量大，工作压力较高的特点，适用于果树、桑树、园林等的喷雾作业，操作时需要多人协作，1人操作喷雾器液泵，其他人员辅助进行喷雾作业。

2. 操作方法

作业时，把泵的吸液软管放入盛有药液的容器中，然后脚踏踏板，用手往复摇动摇杆，带动杠杆及左右连杆，使前后柱塞也往复运动，柱塞前移，压力降低，前出液球阀关闭，前进液球阀打开，药液通过吸液软管进入前缸体内，柱塞后移，已进入前缸体内的药液受压，关闭前进液球阀，打开前出液球阀，药液即进入空气室，同时，后柱塞在后缸体内做对称而相反的动作，摇杆每推拉一次，就有两次压挤药液的过程，多次往复推拉摇杆，空气室内药液不断增加，留存在内的空气被压缩到空气室的上部，逐渐形成压力，打开喷杆上的截流阀，使药液连续的通过出液三通，胶管、喷管和喷头呈雾状喷出。

（四）机动背负式喷雾喷粉机

1. 特点

机动背负式喷雾机主要包括机动背负式气力喷雾喷粉机和机

动背负式液力喷雾机。目前生产上应用的主要是机动背负式气力喷雾喷粉机。它是一种多功能药械，既能够喷雾，也能喷粉。主要产品有东方红-18、泰山-18、稼兴-18、WFB-18AC、6HWF-20、6HWF-20-1、6HWF-20J、6HWF-20J-1等10多个品种（图2-3）。

图2-3 机动背负式喷雾喷粉机（东方红-18型）

2. 操作方法

（1）作业前，应正确选择喷洒部件，以适应喷洒农药的需要。为确保汽油机正常工作，启动前要按汽油机操作方法，检查其油路系统和电路系统。用清水试喷1次，保证各连结处无渗漏。加药不要过满，以免从过滤网出气口溢入风机壳。药液必须洁净，以免堵塞喷嘴。加药后必须拧紧药箱盖，保证药箱内足够的压力供给药液。汽油机启动后，关小油门低速运行2~3分钟，背起机具后再调整油门开关，使汽油机稳定在额定转速，开启药液开关即可开始作业。

（2）作业时，首先要校正操作者的行走速率，并按行走速率和喷量大小，核算喷药量。操作人员必须始终在喷洒方向的上风方向行走，行走的方向尽量与风向垂直，喷口始终指下风方向，不可逆风行走喷洒。喷雾作业从地块的下风向一端开始，逐个喷幅交叠喷洒，直至在整块农田上风方向结束。停机时，先关闭药液开关，再关小油门，让机器低速运转3~5分钟，再关油门。

作业中不能抽烟、吃东西，应携带毛巾、肥皂，当手、脸、皮肤接触药液后，立即清洗。发现有头痛、恶心、呕吐等中毒症状，应立即停止作业，求医诊治。本机用汽油作燃料，应注意防火。

（五）担架式喷雾机

1. 特点

主要由机架、动力机（汽油机、柴油机、电动机等）、液泵、压力表、吸水部件和喷洒部件等组成，有的还配备混药器（图2－4）。主要有3WZ系列喷雾机、3W30－D担架式喷雾机。

图2－4　担架式喷雾机

2. 操作方法

作业时，按说明书规定的牌号向曲轴箱内加入润滑油至规定的油位。每次使用前及使用中都要检查油位，并按规定对汽油或柴油机进行检查及添加润滑油。正确选用喷洒及吸水滤网部件。将调压阀调节到较低压力的位置，把调压手柄扳至卸压位置。启动发动机，调节调压手柄，使压力指示器指示到要求的工作压力。混药器只有在使用远射程式喷枪时才配套使用。用清水进行试喷，观察各接头处有无渗漏现象，喷雾状况是否良好。作业后，用清水继续喷洒2～5分钟，清洗泵和管路内的残留药液，防止药液腐蚀。卸下吸水滤网和喷雾胶管，打开出水开关，将调压阀减压，放松调压手柄，使调压弹簧处于松弛状态。排除泵内存水，并擦洗掉机组外表污物。

（六）离心式喷雾机

1. 特点

利用高速旋转的离心式雾化装置产生雾滴，雾滴相对均匀一致，容易流失和飘失的雾滴明显减少，因此沉积率高，同时省水、省药。单位面积施药量为0.5～5升/公顷，尤其适合干旱和半干旱地区使用。手持电动离心式喷雾机喷洒的是超低量高浓度油剂，由电池组提供电源，微型电动机驱动带齿的转盘或转杯高速旋转。储存在药液瓶内的药液靠重力作用，经限流管嘴输送到转动圆盘，药液瓶内的压力由通气嘴来维持近似大气压力。手持电动离心式喷雾机自身不能产生气流，生成的药雾需要利用自然风来扩散（图2－5）。

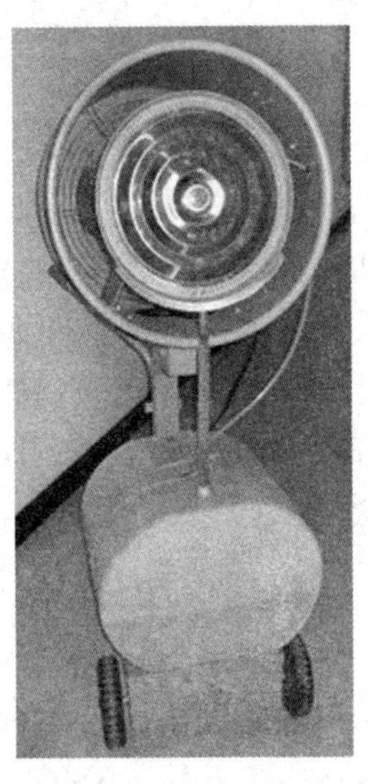

图2－5　离心式喷雾机

2. 使用要求

采用超低容量喷雾法必须根据药液流量、雾滴的有效扩散、操作人员的步行速度来确定喷洒面积。施药时必须密切关注风速风向，在风速、风向剧烈，崎岖不平气流不稳定地区，容易使喷出的雾滴飘忽不定，影响沉积的情况下，不宜施药。施药前，要用清水预先练习一下步行的速度，以便掌握施药时的速度。

（七）喷杆式喷雾机

1. 特点

喷杆式喷雾机是一种将喷头装在横向喷杆或竖喷杆上的机动喷雾机，有横喷杆式、吊杆式、气流辅助式、竖喷杆式、罩盖式。主要工作部件包括药液箱、液泵、喷头、防滴装置、搅拌装置、喷杆、机架和管路控制部件等。主要适于苗圃、草坪的施药（图2－6）。

2. 使用要求

作业前，应进行一系列的检查、调整与校核。其主要故障包括喷头磨损、喷杆变形、液管破损、过滤器堵塞、药液滴漏及压力表不能正常指示等。作业前对喷雾机应备足配件，清洗、保养、（尤其是喷头）和试喷等，并按作业程序进行操作，每台喷

图 2－6　喷杆式喷雾机

雾机应备足配件，尤其是喷头组部件，在田间作业时可携带备用喷头，当喷头发生堵塞时，可以及时更换。喷雾机每次作业后的清洗、存放、过冬，以及液泵的使用与保养，应严格按使用说明书的要求进行。每天喷药结束后，要用清水冲洗药箱、泵、管路、喷头和过滤系统。改换药剂品种和不同种类作物时更要注意彻底清洗。

（八）风送式喷雾机

1. 特点

风送式喷雾机主要由动力系统、喷雾系统、风送系统和供药系统组成，分为悬挂式、牵引式和自走式。目前主要有 6HW－50 型、3WG－1000 型、3WZ－500 型和 3WG－800 型、3WD2000－60、6HW－100、6HW－80、6HW－50A、6HW－50S、6HW－50L、6HW－40 高射程喷雾机等机型，也有少量国外引进机型在推广使用。

2. 操作方法

当拖拉机（或农用汽车）驱动液泵运转时，水源处的水经吸水滤网、截流网、过滤器进入液泵，然后经调节分配阀总开关的回水管及搅拌管进入药箱；在加水的同时，将农药按所需配合比例加入药箱，边加水，边混合农药；药箱中的药液经出水管、吸水阀、过滤器与液泵的进水管进入液泵，药箱中的搅拌装置不断搅拌，保持喷雾药液浓度的均匀；在泵的作用下，药液由泵的出水管路进入调节分配阀的总开关（截流阀），在总截流阀开启时，药液经两个分置截流阀，通过其输液管进入喷洒装置的喷管中；进入喷管内的具有压力的药液在喷头作用下，呈雾状喷出，并通过风机所产生的强大风速和大容量气流，将雾滴再进行第二次雾化，在气流的作用下，将已雾化的细雾滴吹向靶标（图2-7）。

图2-7 风送式喷雾机

以6HW-50型为例，其主要操作步骤为：按柴油机的使用要求加好柴油、润滑油。检查风送系统、喷雾系统。按要求比例，先将农药注入喷雾机，再注入干净水，并经过过滤。启动发电机组，2分钟后开启风机。风机启动20秒后启动药泵，再启动风机摆动。停止作业时，必须先停药泵再停风机。有关注意事项严格按照使用说明书执行。

二、烟雾机

（一）背负式烟雾机

1. 烟雾机（热力烟雾机）

主要由脉冲喷气式发动机和供药系统组成。主要有TSB-35W、TSB-35、6HYB-25AI（W）、OR-3Z/W、6HYB-25B，以及背负式弯管烟雾机6HYB-25B（W）等。具有重量轻、操作方便、效率高、应用广等特点。它施放的烟雾粒径小，可随气流扩散、弥漫并具有极好的穿透性和附着性，在森林及橡胶林中防治病虫害可获理想效果，以在陡坡及道路条件差的地方使用功效最为显著。此外它也可用于农田高秆作物和温室中栽培作物病虫害防治及仓库、城市公共卫生设施的防疫、消毒、灭菌等作业。

2. 操作方法

将90#汽油加入油箱，将药剂加入药箱，然后加发烟剂，如药剂与发烟剂不混溶，可用助溶剂与药剂1:1混溶后再加发烟剂。作业时间要选在早晨或傍晚有逆温层时，一般为4：00～6：00或17：30～19：30，如早晨阴天无风可适当延长作业时间。林内风速在1.0米/秒以内为宜，风速超过1.5米/秒不宜作业。喷幅一般为10～12米，可根据作业时风速、树高和郁闭度灵活掌握。在平地或坡度小于30°的山地缓坡，步行速度为0.8～1.0米/秒；坡度大于30°的山地，步行速度为1.0～1.2米/秒，行进时应保持匀速，并根据风速适当调整步行速度。当风由山下吹向山顶时，从坡顶向下沿等高线与风向垂直方向行走；当风由山顶吹向山下时，从坡下向坡顶沿等高线与风向垂直方向行走；水平方向有微风时，逆风行走。在平地作业，与风向垂直方向行走或逆风行走。

药剂配制：一台机次所用药量的计算公式为：$Y=V\times T\times F\times D$；

式中：Y——一台机次所用药量，单位为毫升；

V——步行速度，单位为米每秒；

T——喷一台次所用时间，单位为秒；

F——喷幅，单位为米；

D——单位面积用药量，单位为毫升每667平方米。

配药、药械维修、烟雾机启动时要在林外无草空旷地进行。加汽油时，应待机器稍冷却后，用漏斗缓缓加入，并严禁烟火。操作者穿戴的手套和工作服，不能沾汽油或药剂，以防接近火苗引起燃烧或药物中毒。工作中发现故障，特别是出现漏油时，应立即停机，待冷却后认真检查，排除故障后再用。若汽油箱内汽油用完，发动机自动熄火，应先关闭药剂开关，防止药剂外流引起火灾。汽油与药剂应放在安全处，应有消防设施。作业过程中，严禁吸烟或吃食物。作业结束后，应立即漱口并用肥皂将手和脸洗净。严禁使用高毒高残留农药。

（二）肩挎式（手提式）烟雾机

1. 特点

主要有 OR－2、OR－4、烟雾水雾两用型热力烟雾机 TSP－60（S）、二次进风双冷却安全热力烟雾机 TS－36P、全自动电启动热力烟雾机 TS－U 等。效率高、操作方便，烟雾粒径小，有极好的穿透性和弥漫性，附着性好，发动机没有曲轴连杆活塞等转动部件，不存在机械磨损。发动机启动后电源即被关闭，省电基本，不需要维修。动力动力和喷药系统之间无齿轮等传动装置，靠本机的气路与液路自行输送药液。

2. 操作方法（以 OR－2 型为例）

（1）装入电池，加入汽油，使其密封良好，在药阀关闭状态下，将摇液加入要药箱中，使其密封良好。

（2）启动烟雾机：打开电源开关，逆时针方向转动油门手轮，使手轮上的启动点对准面板上的指示箭头，以适当的速度抽拉气筒几次，机器即可启动，调整油门大小，使其正常连续工作。机器启动 1～2 分钟后，打开药液阀，待药箱内充气升压后就能喷出烟雾。若要停止喷烟，只要关闭药液阀即可。关机时，首先关闭药液阀，等机器喷烟口不再有烟雾喷出时，按下关机手轮并保持几秒种即可关闭油门停机。关机后应松开药箱盖使之完全泄压，然后把盖旋紧以备下次使用。

三、灭虫药包及布撒器

灭虫药包及布撒器系指由布撒器定向、定点将灭虫药包发射到林冠上方，灭虫药包爆炸后形成烟云，将药剂均匀抛撒开，从而达到防治病虫害目的的施药设备。该技术具有药剂及遗留物可降解、使用操作简便、携带方便；产品质量可靠、运输、贮存、使用安全；不产生明火等特点。该技术解决了普通人工防治和飞机防治无法覆盖地域的施药问题。为进一步推动生物防治，扩大防治面积，提高防治率和防治成效提供了新的手段（图2－8）。

图2－8　布撒器（A）

图2－8　布撒器的灭虫药包（B）

1. 发射点的选择

发射点为20平方米左右的空地，距林子距离不应小于70米，最好在林区道路附近。一个发射点，应尽可能多的覆盖需防治的森林，更为重要的是能保证炸点在树冠上方。

2. 布撒器的架设

布撒器支架中间支柱应垂直于地面，并转动布撒器管，调整发射药管位置，便于发射。根据射表要求，设定布撒器射角，布撒器发射方向应与风向一致。便携式布撒器要挖一深约40厘米的坑，放入底座，底座应与布撒器管轴线垂直，如进行小射角射击，放支架处根据地形进行适当挖坑。

3. 发射

根据虫害面积、地形、距离等因素，确定各种延期时间的灭虫药包数量，按照灭虫药包使用说明，查对参考发射对照表（表2－1），选择不同延期时间的灭虫药包。确定灭虫药包标签与发射距离吻合无误后，剪去标签。用手钳去掉灭虫药包尾部延期管保护帽。由专人拿灭虫药包站于布撒器一侧，将灭虫药包延期管端朝下，放入布撒器内，并用送弹器将灭虫药包推至布撒器底部。拧紧击发装置，将装有底火的发射药管装入尾栓高压室内，拧紧击发装置。拉起撞针，将拉火绳轻轻挂于击发器上，人员撤到安全位置，听到击发命令后拉发火绳。发射后检查布撒器内是否有残留物，如有残留物，要用布撒器刷擦拭干净。观察菌粉抛撒情况，调整布撒器射角，转入下次发射。发射结束后，清点所带物品，清理现场后撤离。

4. 发射注意事项

装填灭虫药包前，一定要检查灭虫药包保护帽是否去掉，装入布撒器时一定要使延期管端朝下。装填时，一定要站在布撒器的侧面，灭虫药包装入布撒器后，布撒器前决不允许站人。灭虫药包、发射药管分开放置，且距布撒器不得小于 5 米。击发时，布撒器周围 5 米范围内不允许站人。击发后，如遇哑弹，可能是击发装置的问题。要等待 2 分钟，再拉起击针，重新发射。如仍未发射，等待 5 分钟后，检查发射药管底部底火，如有 2 毫米深痕迹，需要换发射药管，重新发射。

5. 灭虫药包使用注意事项

发射药管不允许与灭虫药包放在同一箱内运输。搬运灭虫药包时，一定要轻拿轻放，决不允许摔打、磕碰、掉地等现象发生。如灭虫药包掉地，打开包装袋，经过仔细检查，确定无裂纹、变形、延期管凹入弹体内等现象，方可使用。如出现严重变形等现象，决不允许使用。

6. 布撒器的保养

发射结束后，用煤油或汽油清洗布撒器内壁。擦拭时，需把尾栓体、布撒器管、击发装置分解开分别进行擦拭。擦拭后，各机件均匀涂一层防锈油脂（普通机油）。长时间不用的布撒器，各机件均匀涂一层黄油防锈。布撒器应保存于阴凉干燥处。

7. 灭虫药包的贮存

灭虫药包应存放在专用库房。库房应通风干燥，温度不得超过 35℃，相对湿度控制在 75% 以下，并配有消防器材。库房有防雷措施，严禁在库房内进行可能引起火灾的作业。灭虫药包可按延时时间分类堆垛或货架存放。垛（货架）之间应留有不小于2米宽的运输通道。堆垛（货架）距内墙至少保持在0.5米，堆垛高度不得超过1.8米。应定期对库房进行检查，做好记录。产品从出厂日期起，在正常条件下运输、贮存，有效期为两年。

8. 有关要求

要组织开展从事灭虫药包及布撒器防治作业人员的技术培训。内容包括：法律法规、灭虫药包及布撒器基本原理、操作规程、安全注意事项、基本森防知识等。同时还要组织现场演练和实际操作，作业人员须取得地（市）级人民政府公安机关颁发的《爆破作业人员许可证》后方可上岗作业。

还应建立作业人员档案，保持作业人员相对稳定。严禁未经培训合格人员上岗作业。作业人员应享有人身安全保险。

作业区域确定后，应进行调查设计，制定防治作业方案。在作业区外围设立禁入标志，并做好宣传，保证森林内无人、畜活动，避免意外事故的发生。灭虫药包及布撒器使用前，作业人员应进行认真检查，确保灭虫药包及布撒器处于正常状态。

作业人员应遵守作业规程和业务规范，按照灭虫药包及布撒器的使用方法和操作规程操作，禁止违规操作。作业时要避开通讯、输电线，村庄、建筑物等人口稠密区或有安全隐患区，作业人员应配戴防噪音耳套，穿有明显标志的作业服。森林防火警戒期和天气干燥时禁止作业。

灭虫药包及布撒器必须存放于专用库房，专人看管。灭虫药包及布撒器要分开存放。禁止灭虫药包及布撒器与其它易燃、易爆等危险品共同存放。

制定灭虫药包及布撒器的出、入库制度，准确记录灭虫药包的存储数量、批号、使用期限、配发数量和领取、发放人员姓名等情况。领取灭虫药包的数量不得超过当班用量，原则上不允许剩余，对作业后剩余的灭虫药包必须当班清退回库。在非作业期间，灭虫药包要统一组织清点回收，作业站点禁止存放。对于自建仓库保管的，应经当地公安机关验收认可。布撒器必须入库封存，击发装置要拆卸交专人保管。

表2-1 发射对照表

时间 射角	1.5秒		3秒		4.7秒		6.5秒	
	距离/米	炸高/米	距离/米	炸高/米	距离/米	炸高/米	距离/米	炸高/米
（减装药）15°	85	11						
15°	125	20	217	6				
18°	110	26	192	16				
20°	110	32	192	17	244	27		
25°	105	40	200	41	248	44		
30°	105	50	210	62	260	55	320	45
35°	95	60	200	90	268	60	287	36
40°	90	67	190	110	240	105	290	100
45°	85	75	170	130	230	130	266	33
50°	75	80	160	140	205	150	243	145
55°	65	90	140	155	200	160	210	130
60°	60	95	125	165	177	187	33	120
65°	50	100	105	180	175	180	205	170
70°	40	105	85	185	135	220	130	215

四、打孔注药机

打孔注药技术是利用树木的蒸腾作用，将药剂注射到树干内，通过树液的流动携带药剂起到防治作用。该技术主要解决着药问题，对隐蔽性的蛀干害虫和高大树木的叶部害虫有较好效果。具有药效期长、药剂利用率高、施药受天气影响小、不污染环境和不伤天敌等特点。

1. 打孔机具

图 2－9　打孔机

简易打孔工具如锤子、铁钎等。手动打孔机：没有动力的打孔机具。机动打孔机：具有动力的打孔机，由内燃机、动力传动机构、钻头等组成。有 BG305D、便携式林木注药取样器等（图 2－9）。

2. 常用药剂

具有内吸作用的药剂，如：20%吡虫啉（也叫康复多）可溶性液剂、30%氯胺磷乳油等。

3. 操作方法

在树干离地面 30 厘米处，用打孔注药机打孔，打不同方位 3～4 个深达木质部的下斜孔。将氯胺磷乳油或吡虫啉等原药或稀释液注入孔内，一般按树干胸径，用药量每厘米 0.3～0.9 毫升。注药后用稀泥封口。

4. 注意事项

施药时间要根据防治对象和虫态确定，一般要在危害前一周施药；注药后一定要用泥封口，防止药剂挥发；注药时药剂要注到孔内，不能溢出；由于常使用未经稀释的制剂，作业人员要注意防护，防止中毒。

五、诱捕器

1. 漏斗型诱捕器

器械结构　由漏斗（共 8 节，上面 7 节相同，下面 1 节较大些）、顶盖、连接杆、盛虫器、悬挂绳等部件

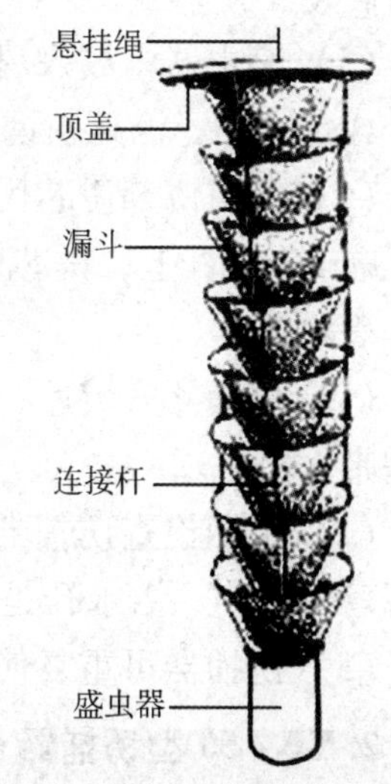

图 2－10　诱捕器结构示意图

组成（图2－10）。

使用范围 与不同种类的小蠹虫诱芯配合使用，用于红脂大小蠹、云杉八齿小蠹、落叶松八齿小蠹、六齿小蠹、十二齿小蠹、纵坑切梢小蠹、横坑切梢小蠹、重齿小蠹、油松梢小蠹、中重齿小蠹、光臀八齿小蠹的监测与防治。实际应用中，根据不同小蠹虫的生物学习性决定悬挂高度。

使用方法

（1）连接杆双边面一头朝上，从上面漏斗边耳孔中央穿入后用力插入耳孔内的左边，使漏斗耳孔缘正好卡入连接杆双边面间。连接杆的单边面一头朝下从下边漏斗边耳的中间穿过后用力卡入漏斗孔的右边。

（2）将顶盖3个孔与最上面漏斗3个耳的右边孔相对，插入锣丝用改锥拧紧。

（3）将悬挂绳与顶盖最上部中央的塑料小孔相连。

（4）将盛虫器与最下部漏斗的刻槽相接，用力挤压并向左或向右转动，使盛虫器外缘卡入漏斗刻槽内，即完成全部安装。

（5）盛虫器内放入用80%敌敌畏乳油浸泡过的缓释性杀虫药芯，或加入水，淹死引诱到的成虫，2个月更换1次。

（6）将引诱剂诱芯用悬挂环固定在诱捕器由下往上第4和第5节漏斗连接杆上，诱芯置于诱捕器漏斗内壁。

管护保养

（1）诱捕器安装后，要上下挤压，使各漏斗相叠，便于运输和携带。

（2）定期检查诱捕器是否因被风吹或其它外力影响而移位、是否落入杂物、溢水孔是否通畅。

（3）诱捕器可重复使用3~5年，使用后要集中拆下保管。

2. YB－50型诱捕器

器械结构 为组合式撞板诱捕器，既可诱捕活虫，也可杀灭诱捕到的松褐天牛等鞘翅目昆虫。近圆锥形，由遮雨盖、套筒、集虫漏斗、集虫器等部件组成（图2－11）。

图2－11 YB－50型诱捕器

使用范围 与A-3型等松褐天牛引诱剂配合使用，主要用于诱杀松褐天牛等鞘翅目害虫雄成虫。诱捕器挂设密度应根据监测和防治松褐天牛的不同目的而定。用于监测时，应挂设在敏感位置。用于防治时，应选择地势较高、通风较好的位置挂设。

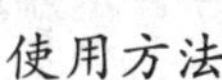

使用方法

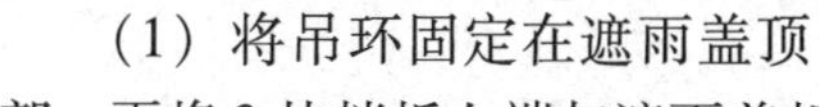

（1）将吊环固定在遮雨盖顶部，再将3块挡板上端与遮雨盖相连，下端与集虫漏斗相连。

（2）把套筒置于3块挡板中间，将集虫器挂到集虫漏斗的悬钩上。

（3）把诱捕器悬挂于树枝或捆绑在树干上，诱芯瓶装药后，置于套筒的下方，关上活页及压片，添加200毫升清水到集虫器中，即可诱杀松褐天牛等鞘翅目昆虫。如不加水，可诱捕活天牛。

管护保养

（1）定期检查诱捕器是否因被风吹或其它外力影响而移位、集虫漏斗口和集虫器间是否落入杂物。

（2）定期检查螺丝是否松动。

（3）如果诱杀鞘翅目昆虫，为保持必要的水位，雨季要定期检查集虫器的溢水孔是否通畅，旱季适当补充清水。

（4）诱捕器可重复使用3～5年，使用后要集中拆下保管。

3. 桶型诱捕器

器械结构　由下桶、上桶集虫器等部件组成（图 2－12）。

图 2－12　桶型诱捕器

使用范围　配合美国白蛾诱芯、舞毒蛾诱芯、芳香木蠹蛾诱芯等蛾类害虫引诱剂使用，用于诱杀雄成虫。

使用方法

（1）下桶和上桶扣合好，将上盖固定在上桶。

（2）用铁丝穿过上盖的小孔，固定于诱捕位置（诱芯）。

（3）诱芯的悬挂高度为距离上桶内口 1 厘米处。

（4）下桶内置洗衣粉水或敌敌畏棉球，以杀死害虫。

管护保养

（1）定期检查诱捕器是否因被风吹或其它外力影响而移位、丢失。

（2）定期检查清理下桶内虫体。

（3）定期检查更换下桶内敌敌畏棉球或补充洗衣粉水。

（4）诱捕器可重复使用 3～5 年，使用后要集中拆下保管。

4. 三角型诱捕器

器械结构　由遮雨盖、胶板、等部件组成（图 2－13）。

使用范围　配合美国白蛾诱芯、白杨透翅蛾诱芯、舞毒蛾诱芯、苹果蠹蛾诱芯等小蛾类害虫引诱剂使用，用于诱杀雄成虫。

图 2-13　三角型诱捕器

使用方法

（1）按划好的线折起成三角形状，用铁丝从顶部两端的圆孔处固定好。

（2）把涂好胶的胶板揭开，胶面朝上放在诱捕器底部。

（3）诱芯用铁丝串起挂在顶部中间圆孔处，诱芯应距离底部胶片 1～2 厘米。

管护保养

（1）诱捕器的顶盖上方覆盖一张硬纸或其他物品，以减少太阳的直接辐射，延长诱芯使用寿命。

（2）定期检查诱捕器是否因被风吹或其它外力影响而移位、丢失。

（3）定期检查并清理胶板蛾体，或换胶板。

（4）诱捕器可重复使用 3～5 年，使用后要集中拆下保管。

5. 船型诱捕器

器械结构　由上、下板、粘胶片（2 对）、铁丝和支撑管等部件组成（图 2-14）。

使用范围　配合马尾松毛虫诱芯、落叶松毛虫诱芯、赤松毛虫诱芯、油松毛虫诱芯、舞毒蛾诱芯、苹果蠹蛾诱芯、白杨透翅蛾诱芯、杨干透翅蛾诱芯、沙棘木蠹蛾诱芯等大蛾类害虫引诱剂使用，用于诱杀雄成虫。

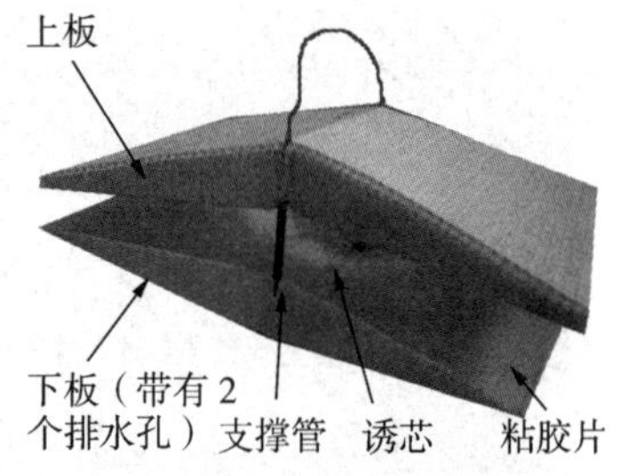

图 2－14 船型诱捕器

使用方法

（1）将铁丝弯曲成形。

（2）将铁丝两端分别自上板顶部的小孔插入，再从上板侧下方穿出并在铁丝上套入支撑管。

（3）将铁丝再从下板侧上方插入板内并从下板底部穿出，最后将铁丝弯曲以使上下板固定在适当位置上（上下板应保持3～6厘米距离，以使雄蛾可飞入诱捕器）。

（4）将1对胶片平铺在诱捕器底面，胶片可用钉书钉固定于下板底部。

（5）将一根细铁丝自上板穿下并穿上诱芯，使诱芯与胶面保持2厘米左右。

管护保养

（1）诱捕器的顶盖上方覆盖一张硬纸或其他物品，以减少太阳的直接辐射，延长诱芯使用寿命。

（2）定期检查诱捕器是否因被风吹或其它外力影响而移位、丢失。

（3）定期检查并清理胶板蛾体，或换胶板。

（4）诱捕器可重复使用3～5年，使用后要集中拆下保管。

六、频振式杀虫灯

常用的主要为佳多频振式杀虫灯。有 Ps－15Ⅱ、Ps－15H、佳多频振式太阳能杀虫灯如 Ps－15Ⅲ－1、Ps－15Ⅲ－2、佳多频振式太阳能杀虫园艺灯如 Ps－15Ⅳ系列、Ps－15Ⅴ、Ps－15Ⅵ－1 及佳多自动虫情测报灯等（图 2－15）。以佳多频振式杀虫灯为例介绍如下。

1. 特点

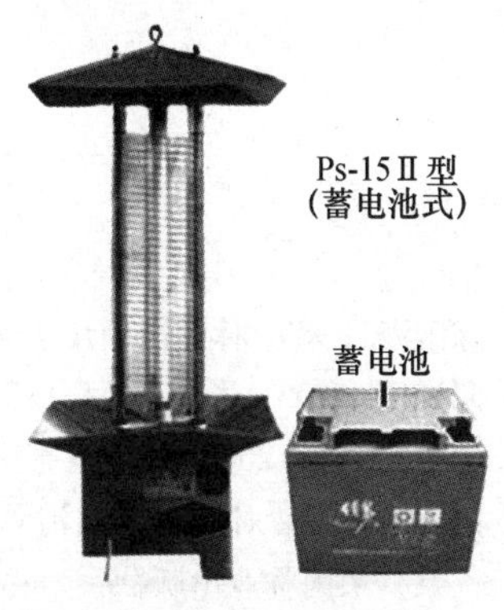

图2－15　佳多牌 Ps－15Ⅱ
频振式杀虫灯

全天候、不怕雨水、防雷击、耐高温、防腐蚀、误触安全。可诱杀鳞翅目、鞘翅目、直翅目、半翅目、膜翅目、双翅目、广翅目、毛翅目、革翅目、蜚蠊目等11个目的180余种害虫。可适用不同的供电方式，有市电220V、工频电380V、太阳能、发电机供电、蓄电池供电、风力发电等系列产品，可适用于不同的地区。通过光电控制，夜间自动开启、白天自动关闭电源，通过时控装置可以按设定时间启闭；通过雨控装置，下雨时自动关闭。

2. 以操作步骤

（1）将箱内吊环固定在顶帽的圆孔内旋紧（太阳能灯除外）。

（2）将附带的边条用螺丝固定在接虫盘四周，接虫袋固定在接虫口上。

（3）将吊灯挂在牢固的物体上并固定，接虫口对地距离以1～1.5米为宜，或诱杀特定昆虫时安装至特定高度。

（4）按照灯的指定电压接通电源后闭合电源开关，指示灯亮，经30秒左右进入工作状态。

3. 注意事项

（1）该灯不可作为家用照明，灯下禁止堆放柴草等易燃物品。

（2）接通电源后切勿触摸高压电网。每天都应清理1次接虫袋和高压电网的污垢，清理时一要切断电源。如污垢太厚，请更换新电网或将电网拆下，用清网剂清除，然后重新绕好。

（3）雷雨天气不要开灯，出现故障后务必切断电源进行维修。

参考文献

陈国海 . 1989. 林业苗圃化学除草指南 [M]. 北京：学苑出版社出版 .

邸济民 . 2005. 林果花药病虫害防治 [M]. 石家庄：河北人民出版社 .

关继东主编 . 2006. 林业有害生物控制技术 [M]. 北京：中国林业出版社 .

国家林业局森林病虫害防治总站 . 2008. 林用药剂药械使用技术手册 [M]. 北京：中国林业出版社 .

国家林业局森林病虫害防治总站 . 2010. 林业有害生物防治历 [M]. 北京：中国林业出版社 .

刘永齐主编 . 2001. 经济林病虫害防治 [M]. 北京：中国林业出版社 .

苗建才 . 1992. 最新农药使用技术手册 [M]. 黑龙江：科学技术出版社出版 .

宋建英主编 . 2005. 园林植物病虫害防治 [M]. 北京：中国林业出版社 .

孙德莹 . 2010. 林业有害生物防治应用技术 [M]. 哈尔滨：东北林业大学出版社 .

王焕民，张子明 . 1989. 新编农药手册 [M]. 北京：农业出版社，424 – 604.

王江柱，吴研主编 . 2008. 常用通用名农药使用指南 [M]. 北京：金盾出版社 .

王运兵，吕印谱主编 . 2003. 无公害农药实用手册 [M]. 洛阳：河南科技大学出版社 .

吴文君、高希武主编 . 2008. 生物农药及其应用 [M]. 北京：化学工业出版社 .

夏希纳，丁梦然主编 . 2004. 园林观赏树木病虫害无公害防治 [M]. 北京：中国农业出版社 .

徐志华，张少飞等编著 . 2004. 城市绿地病虫害诊治图说 [M]. 北京：中国林业出版社 .

叶钟音主编 . 2002. 现代农药应用技术全书 [M]. 北京：中国农业出版社 .

虞轶俊、施德主编 . 2008. 农药应用大全 [M]. 北京：中国农业出版社 .

张灿峰 . 2010. 林业有害生物防治药剂药械使用指南 [M]. 北京：中国林业出版社 .

张玉聚，徐凤波 . 2003. 除草剂应用技术与市场开发 [M]. 郑州：郑州大学出版社 .